Dr. Georg Wailand (Hrsg.)

Erich Brenner (Hrsg.)

Das ABC der Karriere

Jacques A. Mertzanopoulos

2. erweiterte Auflage

Aktuelle GEWINN-Bücher:

G. Wailand, J. Kistner (Hg.):	Ein Leben lang gut leben!
	Geldratgeber für die Generation 50+
G. Wailand, R. Wiedersich (Hg.):	Investieren in Immobilien
G. Wailand, J. Kistner (Hg.):	Investieren in schöne Dinge
G. Wailand, J. Kistner (Hg.):	Privat versichern, aber richtig
G. Wailand, J. Kistner (Hg.):	Ihre Rechte als Anleger
G. Wailand, M. Fembek (Hg.):	Traden wie die Börsenprofis

ISBN: 978-3-901184-51-2
EAN-Code: 9783901184512
Copyright: © 2009 by **Wailand & Waldstein GmbH, Wien**
2. Auflage © 2014 by **Wailand & Waldstein GmbH, Wien**
Alle Rechte vorbehalten
Erschienen im GEWINN-Verlag, Stiftgasse 31, A-1070 Wien
Coverfoto: © fotos4people - Fotolia.com, Studio Ehringer GmbH., Pepo Schuster
Fotos Innenteil: Nicole Miglik, Seite 37: Hemera – Thinkstock.com, KatarzynaBialasie-
wicz – Thinkstock.com
Layout: Peter Watzal
Druck: Dimiograf Customer Vision

Pour Catherine, Christiane et Silvia

Inhaltsverzeichnis

Vorwort

Ein Patentrezept für die Karriere? Das gibt es nicht!

Was auch immer jeder einzelne unter dem Begriff „Karriere" versteht – den Aufstieg an die Spitze eines Unternehmens, eine angestrebte Position als Experte oder etwa eine erfüllte Work-Life-Balance – eine Karriere verläuft nie linear. Sie ist vielmehr das Mosaik aus Anstrengung, Fleiß, Können, Ausbildung, Glück, Zufall, Neugier, dem Vermeiden von Fehlern und dem Ergreifen der richtigen Chancen zur passenden Zeit.

Umso wichtiger ist es, die zahlreichen Fallen, Fehler und Peinlichkeiten zu vermeiden, die auf jedem persönlichen Karriereweg lauern. Und diese Liste ist lang. Fehler beim Verfassen des Lebenslaufs, die falsche Formulierung in einem Arbeitszeugnis eines Ex-Arbeitgebers, das teure Absolvieren einer Ausbildung, die auf dem Arbeitsmarkt nicht (mehr) gefragt ist, ja sogar der Small Talk zwischen Rauchern vor dem Firmengebäude über „nette Kollegen" etc. – alles einfach zu vermeidende Schlaglöcher auf dem Karriereweg.

Damit Sie auch weiterhin voll auf Ihrem persönlichen Karrierekurs bleiben können, halten Sie nun ganz nach dem Motto von GEWINN „Für den persönlichen Vorteil des Lesers!" dieses Buch in Händen. „Das ABC der Karriere" ist nicht der x-te Ratgeber, der Ihnen mehr oder weniger vorschreibt, was Sie beim Aufstieg nach oben zu tun und zu lassen haben, damit es mit dem Posten des Vorstandsvorsitzenden etwas wird, sondern gibt Ihnen vielmehr in unterhaltsamer sowie schnell und einfach zu lesender Art und Weise Tipps und Tricks vom Profi, wie Sie auf Ihrem Kurs bleiben.

Besagter Profi und Autor von „Das ABC der Karriere" ist Mag. Jacques André Mertzanopoulos, Gründer und Geschäftsführender Gesellschafter von Arthur Hunt GmbH. Er beantwortet auf den folgenden Seiten zahlreiche Fragen rund um die Karriere aus der Sicht des seit 28 Jahren erfolgreichen Personalberaters und Headhunters.

Wir wünschen Ihnen eine angenehme und vor allem gewinnbringende Lektüre dieses Buches und alles Gute auf Ihrem weiteren Karriereweg!

Prof. Dr. Georg Wailand, Herausgeber & Chefredakteur GEWINN
Erich Brenner, Chef vom Dienst GEWINN

Danksagung

Mit dem Schreiben von Büchern ist es wie mit meinem Lieblingsport – dem Fuß-
ballspielen: ganz alleine geht es nicht. So wie zum „Kicken" die Mannschaft gehört,
braucht auch der Buchautor Unterstützung, damit das Werk gelingt.

Ich darf sagen, dass ich diese Unterstützung hatte und daher ist es mir ein großes Anliegen, mich nunmehr zu bedanken.

An erster Stelle bei Frau Nicole Miglik. Frau Miglik begleitet mich seit vielen
Jahren und hat für dieses Buch nicht nur meine teilweise sogar für mich unleserli-
chen Manuskripte entziffert und zu einem Worddokument zusammengestellt, sondern auch die sensationellen Fotos für dieses Buch gemacht.

Ebenso bedanken möchte ich mich bei den „Models" Frau Mag. Kerstin Rei-
ner, Herrn Mag. Thomas Resch sowie Herrn Mag. Peter Levit – alle drei waren sehr
geduldig und haben professionell verschiedenste Posen eingenommen, um dem
geschriebenen Wort noch mehr Ausdruckskraft zu verleihen.

Danken möchte ich auch Frau Mag. Barbara Kaes, sie ist seit vielen Jahren Consultant bei Arthur Hunt. Frau Kaes hat nicht nur viele Ideen miteingebracht, sondern sich auch dazu bereit erklärt, auf den Fotos die Rolle des Interviewers zu übernehmen.

Großen Dank schulde ich auch dem GEWINN, insbesondere dem Leitenden
Redakteur und Chef vom Dienst Herrn Erich Brenner, der entscheidend dazu beigetragen hat, meinen Vorsatz ein Buch zu schreiben, auch tatsächlich umzusetzen.

Und natürlich auch den Lektorinnen und Lektoren des GEWINN-Verlages,
welche das Buch auch lesbar machten, indem sie meine ganz persönliche Auffassung von Orthographie und Grammatik unter besonderer Berücksichtigung der
Beistrichregeln an die allgemein gültigen Regeln anpassten.

Ihnen allen ein herzliches Dankeschön.
Jacques André Mertzanopoulos
Anno 2009/2014

Einleitung

Ich habe das Glück, meinen Traumberuf gefunden zu haben. Seit 1986 bin ich Personalberater. Damals, am 15. September 1986, hatte ich meinen ersten Arbeitstag in der Schmiedgasse 3. Ich begann als Junior Consultant bei Dr. Jean Francois Jenewein in der von ihm gegründeten Managementberatung Dr. J. F. Jenewein.

Es war ein ungewöhnlich sonniger und warmer Tag. Wieso ich das nach so vielen Jahren noch weiß? Weil ich meinen neuen, warmen Winteranzug anhatte und furchtbar ins Schwitzen kam, als ich den ganzen Tag damit verbrachte, Möbelprospekte für die Einrichtung meines Büros zu sammeln, und daher kreuz und quer durch Wien fuhr, um schließlich am Boden des nahezu leeren Büros hin und her zu rutschen, um letzte Vermessungen vorzunehmen. Mein Büro sollte das erste im Erdgeschoß werden, alle anderen Büros teilten sich auf den ersten und zweiten Stock auf. Während ich von Wand zu Wand, vom Fenster zur Tür und wieder zur Wand lief, läutete ständig das Telefon. Bis ich allerdings dort war, hörte es auf zu läuten. Ich weiß nicht, wie oft sich das wiederholte – wenn ich bedenke, wie müde ich am Abend war, glaube ich gut und gerne hundert Kilometer gelaufen zu sein. Zwischendurch – leider erst am späteren Nachmittag – kam Frau Hackl, die Reinigungsdame, um nach mir zu sehen. Als sie mir eine Weile zusah und bemerkte, wie mich das Telefon stresste, erklärte sie mir, dass ich es ruhig „wegschalten" könne, da es ohnedies nicht für mich sein könne – denn wer solle mich schon anrufen? Diese Aussage hat zwar mein Selbstbewusstsein nicht gerade gestärkt, aber mir zumindest ein ruhigeres Vermessen des Raumes ermöglicht. Frau Hackl erklärte mir, dass es sicher keine böse Absicht vom Herrn Doktor war und er wohl nur vergessen hätte, nach seinem Aufenthalt hier unten, das Telefon wieder hinauf in den ersten Stock zu schalten.

Am Abend dieses 15. September 1986 hätte ich mir sicher nicht gedacht, dass der Job eines Personalberaters einmal mein Traumberuf werden könnte. In der Folge habe ich an vielen interessanten Projekten und Aufträgen mitarbeiten können und habe auch sehr viel von Jean Francois Jenewein gelernt. Er hat mich in vielerlei Hinsicht sehr gefördert und auch geprägt, wofür ich dem 2002 viel zu früh verstorbenen Pionier der Personalberatung auch immer dankbar sein werde.

1999 habe ich mich selbstständig gemacht und mir damit einen großen Lebenstraum erfüllt. Im April 1999 habe ich Arthur Hunt Österreich gegründet. Damit glaube ich, eine Marktlücke geschlossen zu haben.

Das Unternehmen hat sich auf Executive Search spezialisiert – für unsere Kunden suchen wir Führungskräfte und Spezialisten in elf europäischen Ländern; mittels zweier Instrumente: der Direktansprache plus unserer Datenbank.

Heute, zehn Jahre später, zählen wir zu den größten Unternehmen unserer Branche und mit insgesamt 105 Mitarbeitern und Mitarbeiterinnen haben wir unser Wachstum noch nicht abgeschlossen. Meine Vision als Geschäftsführer ist es, mit eigenen Büros in der Türkei und der Ukraine unsere Kunden auch in diese hochinteressanten Länder begleiten zu können.

In 23 Jahren Personalberatung erlebt man die unglaublichsten Dinge: sehr schöne und bewegende Momente mit Kunden und Kandidaten, aber auch ganz verrückte Episoden, die aus einer Slapstick-Komödie stammen könnten. Der Personalberater ist oft Unternehmensberater, Lebensberater und Freund seiner Gesprächspartner. Diese vielen Geschichten und Erlebnisse sind es, die mich dazu bewogen haben, dieses Buch zu schreiben.

Es soll nicht der hundertachtundneunzigste Ratgeber für Ihre Karriere sein, sondern ein „Büchlein", welches Sie unterhält, in dem Sie die eine oder andere Geschichte zum Schmunzeln entdecken, das Ihnen aber auch Tipps und Tricks verrät, wie Sie zu Ihrem Traumjob kommen. Aus diesem Grund – und weil es für jeden Suchenden, der schnell Tipps zu dem einen oder anderen Schlagwort sucht, komfortable ist – bietet sich die Umsetzung in Gestalt des Alphabets, die Sie auf den folgenden Seiten sehen werden, förmlich an. Daher auch der Titel „Das ABC der Karriere".

Es sind in diesem Buch auch keine neuen wissenschaftlichen Erkenntnisse enthalten, sondern lediglich die Erlebnisse und Erfahrungen eines engagierten und nach 23 Jahren noch immer hoch motivierten Personalberaters.

Jacques André Mertzanopoulos
Anno 2009

Einleitung zur 2. Auflage 2014

Seit 2009, dem Jahr in dem das ABC der Karriere erschienen ist, hat sich sehr viel und gleichzeitig sehr wenig verändert. Es hat sich insofern viel verändert, zumal der Arbeitsmarkt noch komplexer und noch schwieriger geworden ist. Besonders davon betroffen sind zwei Gruppen: die Menschen ab 50 Jahre und die Jungen, also jene Damen und Herrn, die nach (vorläufigem) Abschluss ihrer Ausbildung auf den Arbeitsmarkt drängen. In dieser 2. erweiterten Auflage finden diese zwei Gruppen besondere Berücksichtigung.

Dazu kommt, dass sich zwei weitere Gegebenheiten verändert haben. Das Leben ist noch schneller geworden und die sozialen Netzwerke haben an Bedeutung gewonnen. Was sich nicht verändert hat, ist die Härte auf dem Arbeitsmarkt. Wer nicht „funktioniert", wird keine Chance bekommen, zu zeigen, was er kann. Für Extravaganzen ist kein Platz, besonders auffällige Typen sind nicht gefragt. Jetzt konnte man natürlich sagen, dass das gerade die Chance für außergewöhnliche

Menschen ist. Ja, das stimmt auch – sofern sich diese Außergewöhnlichkeit auf Können oder besonderen Einsatz bezieht. Außergewöhnlichkeit auf Auftreten oder Kreativität bezogen, geht meistens nach hinten los. In Zeiten angeblicher Krise will keine Führungskraft Fehler machen, denn auch die Führungskraft muss an eine „höhere Instanz" – meistens ein Headquarter – berichten. Geht etwas schief, ist die Performance des eingestellten Kandidaten nicht wie erwartet, will sich niemand die Frage gefallen lassen müssen, warum man damals Frau X oder Herrn Y einge-stellt hat, obwohl doch klar sein hätte müssen, dass …

Das ist der Grund, warum Personalentscheidungen immer konservativer wer-den und auch immer länger brauchen. Die Führungskraft will (vielleicht muss) sich mehrmals absichern, daher werden immer mehr Personen aus der Matrix für den Entscheidungsprozess bemüht, um später einmal sagen zu können, dass schließlich der „Regional Chief Deputy Manager" auch für die Einstellung war.

Ich habe mich in diesem Buch bemüht die Dinge, die unser Leben verkompli-zieren, so deutlich wie möglich anzusprechen, und dabei die ideale (vom Gesetz vorgegebene) von der realen Welt zu unterscheiden.

Bei der Fertigstellung dieser 2. Auflage haben meine Frau Silvia, meine Assis-tentin Frau Mag. Sandra Popovic und natürlich allen voran die Lektorinnen und Lektoren des GEWINN-Verlages wesentlich dazu beigetragen, dass meine sehr oft beistrichlosen und emotionalen Zeilen auch verständlich und lesbar wurden. Ih-nen allen ein großes Merci.

Jacques Mertzanopoulos
Anno 2014

Ehrenerklärung

Wer mich kennt, weiß, dass ich ein leidenschaftlicher Vater meiner Tochter, ein seit über 20 Jahren glücklich verheirateter Ehemann und besonders stolz auf meine Mitarbeiterinnen bin.

Ich habe mich stets bemüht, ein verständnisvoller Mentor und Ansprechpartner meiner Mitarbeiterinnen in Österreich und in unseren Auslandsbüros zu sein. Sie, geneigte Leserin, geneigter Leser, fragen sich nun, warum ich Ihnen dies mitteile? Sie wundern sich. Ich sage es Ihnen und rufe es Ihnen in Erinnerung um Ihnen zu versichern, dass ich kein Problem mit Frauen habe, weder privat, noch beruflich. Im Gegenteil, ich finde, dass Frauen die wunderbarsten Wesen sind, die Gott erschaffen hat und dennoch habe ich ganz bewusst auf die „innen" verzichtet. Ich spreche meistens von Kandidaten, von Entscheidungsträgern, von Bewerbern und von Personalberatern. Als Franzose achte ich sehr auf die Sprachmelodie und die Eleganz der Sprache sowie auf die Lesbarkeit eines (meines) Textes und habe mich daher für die melodiösere und lesbarere Variante entschieden.

Ich gebe somit diese Ehrenerklärung ab und versichere Ihnen, dass stets Damen und Herrn gemeint sind und es in keinster Weise meine Absicht ist, Frauen zu benachteiligen – schon gar nicht, wenn es um Karriere geht. Wir wissen doch alle, dass Frauen die besseren Autofahrer und wahrscheinlich auch die besseren Führungskräfte sind.

Ich handle nach der Maxime „wie hier durch das Wort, so im Leben durch die Tat". Die Arthur-Hunt-Büros in Bratislava, Budapest, Moskau und Prag werden seit Jahren sehr erfolgreich von Frauen geführt.

Symbolerklärung

Hier finden Sie konkrete Tipps, Ratschläge und nachvollziehbare Anleitungen vom Profi, die Ihnen in konkreten Problemstellungen und heiklen Situationen weiterhelfen sollen.

SELBST ERLEBT

Als Personalberater hat man ständig mit Menschen zu tun, führt jeden Tag Gespräche mit Kunden, die neue Mitarbeiter suchen, sowie mit Kandidaten, die sich auf einen Job hin bewerben oder direkt vom Personalberater auf eine zu besetzende Jobposition hin angesprochen werden. Hier erfahren Sie somit, wie die Praxis aus der persönlichen Sicht des Personalprofis aussieht.

A wie Active Listening

„Active Listening" heißt die neue Wunderwaffe: zuhören, nachfragen und mit eigenen Worten das Gesagte des Gesprächspartners wiederholen, um Missverständnisse auszuschließen. Dabei unbedingt Blickkontakt halten.

Wer neben den Inhalten ebenso darauf eingeht, was der Gesprächspartner zwischen den Zeilen zum Ausdruck bringt, hat einen gewaltigen Vorteil. Dieses „aktive Zuhören" ist von größter Bedeutung – nicht nur beim täglichen „Managen", sondern natürlich auch im Rahmen von Bewerbungsgesprächen oder bei einem Assessment Center.

Allerdings hat Zuhören ein Imageproblem. Wenn jemand viel spricht, dann heißt es: „Der ist aktiv, er tut etwas." Beim Zuhören dagegen ist keine „Leistung" sichtbar. Zuhören hat etwas leicht Negatives an sich. Der Eine spricht und sagt Bescheid, der Andere hört zu und nimmt zur Kenntnis. Daher erfordert Zuhören viel mehr Selbstbewusstsein als Reden.

Wer trotzdem gerne und sehr oft das Wort ergreift, sollte sich allerdings an ein altes Rednerkonzept halten: das „Kiss-Konzept" – wobei hier das „Kiss" für „Keep it short and simple" steht.

A wie Alkohol

Alkohol ist in 99 Prozent der Fälle eine Karrierebremse. Die Zeiten ändern sich und so auch die Einstellung zu gewissen Dingen. Heute ist Alkohol ein „No go". Ich rede jetzt natürlich nicht vom Gläschen Wein zum Business-Lunch oder vom kleinen Bier oder gar vom Glas Sekt bei der Eröffnung einer Ausstellung, sondern vom Gläschen Alkohol „zu viel".

Klassische Karrierekiller sind da die betriebsinternen Feste, wie zum Beispiel das von manchen gefürchtete, bei anderen heiß geliebte Weihnachtsfest. Man sollte es nicht glauben, wie oft es bei derartigen Events zum Supergau kommt. Am berühmten Tag danach würde sich so mancher gerne unter dem Tisch verstecken und in Ruhe überlegen, was er wem gesagt hat und mit wem er jetzt per Du ist. Aber dann ist es zu spät. Das süffisante Lächeln der Kollegen wird einen dann bis zum nächsten Weihnachtsfest begleiten.

TIPP

Bedenken Sie stets: Ein Firmenweihnachtsfest ist keine private Veranstaltung, sondern eben ein Firmenevent und daher gelten die gleichen Regeln wie im Büroalltag. Nützen Sie den Abend, um mit Kollegen und Vorgesetzten, mit denen Sie normalerweise weniger Kontakt haben, zu plaudern – aber bitte philosophieren Sie nicht über heikle Dinge (zum Beispiel Parteipolitik) und machen Sie keine eindeutig zweideutigen Scherze. Es ist auch nicht der richtige Moment, um mit Ihrem Chef über Gehaltserhöhungen zu diskutieren. Sollten Sie einen Kollegen oder eine Kollegin ganz genial und super sexy finden, sagen Sie es ihm oder ihr nicht nach dem vierten Wodka-Feige an diesem Abend, sondern bei einer anderen Gelegenheit – fern ab von Betriebsfeiern.

A wie Alter

Ganz klar, dass offiziell das Alter nicht berücksichtigt wird und es somit keine Rolle spielt. Der Gesetzgeber schützt sogenannte „ältere Dienstnehmer/innen", indem er zum Beispiel verhindert, dass in einem Inserat eine Altersgrenze genannt wird. Der berühmte Satz „. . . Kandidaten/innen bis zu 45 Jahren wenden sich an . . ." fällt somit weg. Aber diese vom Gesetzgeber sehr gut gemeinte Hilfestellung ist in Wahrheit keine für die „in die Jahre gekommenen Arbeiternehmer/innen". Es ist eher eine Herausforderung für all jene, die sich nun „offiziell erlaubte" Absagegründe überlegen müssen.

Nichtsdestotrotz bleibt die Frage, ab wann beginnt das Alter „kritisch" zu werden, nicht unberücksichtigt. Aus der Sicht des Personalberaters ist das Alter nicht wirklich ein K.-o.-Kriterium – oder sagen wir, selten ein Ausschließungsgrund.

Was kann der zum Beispiel 51-jährige Kandidat für eine Position im Rechnungswesen wahrnehmen, um seine Chancen zu erhöhen? Es gibt zwei Möglichkeiten:
> Sich permanent weiterbilden: das heißt, bereits recht früh damit zu beginnen, über den Tellerrand hinauszublicken – sehr gute Englischkenntnisse, US-GAAP, Besonderheiten des Steuerrechts sowie Osteuropa-Thematik sind nur einige Anhaltspunkte.
> Die nächste zu beeinflussende Variable ist der Einsatzort. Vereinfacht gesagt – in Wien 1 gibt es weniger Möglichkeiten als in Linz.

Ein weiterer Punkt: die Gehaltsvorstellung. Anno 2014 wird man mehr Positionen zur Auswahl haben, die zwischen 2.500 und 3.000 Euro brutto liegen als Positionen, die um die 4.500 Euro brutto dotiert sind.

Natürlich kann man nicht mit 100-prozentiger Sicherheit davon ausgehen, dass jeder 51-jährige Kandidat einen passenden Job findet, aber eines ist sicher – wer zu spät kommt, „den straft die Geschichte" (sagte einst Gorbatschov), und wer zu wenig flexibel ist, den bestraft der Arbeitsmarkt.

Und noch eines: das kritische Alter beginnt schon weit vor dem 50. Geburtstag. Wer 40 Jahre ist, noch keine Führungserfahrung hat und auch keine Schlüsselposition besetzt, wird es schwer haben, eine solche zu bekommen.

A wie Anruf beim Personalberater

Natürlich gibt es nur gute Autofahrer, natürlich sind wir alle jung, dynamisch und kommunikativ. Sind wir es aber auch wirklich?

Reicht unsere Kommunikationsfähigkeit so weit, dass wir unbesehen bei einem Personalberater anrufen und prüfen, ob es Sinn macht, in die Datenbank aufgenommen zu werden (siehe auch D wie Datenbank)?

Sinnvoll ist es auf alle Fälle. Greifen Sie zum Telefon, rufen Sie an und erkundigen Sie sich, ob dieser Personalberater das auch wünscht. Ob er mit einer Datenbank arbeitet und ob Sie mit Ihrem Lebenslauf und Ihren Erfahrungen auch zu seinen Kunden passen. Neun von zehn Personalberatern werden sagen: „Ja gerne. Im schlimmsten Fall bekommen Sie dann einige Tage später einen standardisierten Brief, in dem steht, dass man sich bei Vorliegen eines passenden Angebotes bei Ihnen melden wird. Das macht gar nichts – Sie sind bei dem Berater Ihres Vertrauens präsent und der Moment wird kommen, in dem er Sie auf eine vakante Position anspricht.

Die Wahrscheinlichkeit, dass im Moment kein zu Ihnen passendes Stellenangebot vorhanden ist, ist sogar sehr groß – denn auch der große und berühmte Personalberater hat nicht Hunderte Angebote in seiner Schublade. Nicht einmal Dutzende.

Es ist nicht – leider nicht – wie beim „Drive in": man fährt vor, bestellt sich einen Big Mac und eine Cola, bezahlt und ist wenige Minuten später froh und glücklich. Es wäre doch zu schön – „Bitte einmal Abteilungsleiter Marketing in Wien 1 mit 86.000 Euro."

Halten Sie Kontakt zum Personalberater. Bauen Sie ein Vertrauensverhältnis auf. Informieren Sie ihn, wenn Sie gerade gewechselt haben, oder sagen Sie ihm, dass Sie einem Wechsel nicht abgeneigt wären. Eine solche, sagen wir privilegierte Beziehung ist für beide „Win-Win" – der eine wird schneller angesprochen, der andere hat schneller seinen Kandidaten.

TIPP

A wie Assessment Center

Ein Assessment Center ist ein in der Regel harter Arbeitstag, an dem es darum geht, Mitarbeiter oder Bewerber miteinander zu vergleichen und zu beurteilen.

Das Auswahl-AC dient dazu, aus einer Reihe qualifizierter Kandidaten, den Besten herauszufinden. Um eine qualifizierte Diagnose zu erhalten, werden mehrere Instrumente eingesetzt:

> Interviews
> Fallstudien
> Präsentationen
> Diskussionen und Rollenspiele

Das Herzstück jedes AC ist die sogenannte Postkorbübung.

Bei dieser Übung geht es darum, festzustellen, ob der Kandidat in der Lage ist, mit einer Fülle von Informationen professionell umzugehen. Dabei handelt es sich um berufliche und private Informationen, wichtige und unwichtige.

Die Fragen sind: Kann der Kandidat Wichtiges von Unwichtigem unterscheiden? Gibt er dem Beruf 100 Prozent Priorität oder räumt er auch Privatem einen Stellenwert ein? Wie nachvollziehbar arbeitet er?

Im Anhang finden Sie zwei solcher Postkörbe. Versuchen Sie diese in der angegebenen Zeit zu bearbeiten – ohne zu „schummeln".

Was kann mit einem AC geprüft werden? Was wollen die Beobachter bei Ihnen sehen?

Der folgende Kasten zeigt eine Liste von Eigenschaften, die getestet werden können. So wird auch die Auswahl der Übungen klar – je nach Bedeutung einer Eigenschaft für eine Position, werden die Testverfahren zusammengestellt.

Ausstrahlung	Initiative	Interessenbereich
Wirkung auf andere	Kritikfähigkeit	Karriereorientierung
soziale Intelligenz	Motivation	Verkaufsorientierung
Zuhörenkönnen	Risikobereitschaft	Planungs- & Organisationskompetenz
Sensibilität	Problemanalyse	
Flexibilität	Stress- und Belastungsgrenzen	Delegationskompetenz
Unabhängigkeit		Teamfähigkeit
Entschlossenheit	Beharrlichkeit und Ausdauer	Leadership
Energie und Tatkraft	Kampfgeist	mündlicher Ausdruck und Präsentation
Kreativität	Lernfähigkeit	schriftlicher Ausdruck

Grundsätzlich kann man jeden Test überlisten. Auch das AC? Die Frage ist, kann man als Bewerber und AC-Teilnehmer schwindeln?

Ja, aber es ist sehr schwer und bei professioneller Durchführung des AC kaum möglich, und außerdem tut sich der „Schwindler" selbst nichts Gutes.

Einen Tag schwindeln und sich verstellen ist möglich. Am zweiten und dritten Tag wird es immer schwieriger. Monate oder Jahre hindurch sind schier unmöglich. Tägliches Verstellen am Arbeitsplatz, tägliches Theaterspielen und in eine andere Rolle schlüpfen ist nicht machbar.

Verstellen und verstecken Sie sich nicht! Gehen Sie aus sich heraus, zeigen Sie Ihre Talente und Fähigkeiten – nur so können sich die Beobachter ein Bild von Ihnen machen. Seien Sie an diesem Tag möglichst aktiv. Der Erfolg stellt sich automatisch ein.

__Noch ein Tipp:__ Je härter Sie im Laufe des AC vom AC-Moderator angefasst und kritisiert werden – umso besser! Denn nur gute Kandidaten werden hart kritisiert und sehr gute noch viel härter. Daher lassen Sie sich nicht verunsichern, denn Sie sind „voll auf Kurs".

SELBST ERLEBT

Der Postkorb besteht in der Regel aus zwei Teilen. Der erste Teil ist schriftlich, hier arbeitet der Kandidat alleine und löst die einzelnen Aufgaben. Der zweite Teil besteht aus der mündlichen Auswertung – gemeinsam mit dem AC-Moderator wird besprochen, was, warum, wann und wie gemacht wurde.

Innerhalb dieser Übung hatte ein Topmanager sein Privatleben sowie sein Berufsleben zu ordnen. Die fiktive Situation war sehr „verzwickt" und es war wichtig, dass dem Kandidaten klar war, dass sein fünfjähriger Sohn vom Kindergarten abgeholt werden muss. Im Beispiel war von der Familie sonst niemand dazu in der Lage.

Prompt hatte der Kandidat diese Information – nämlich, dass er sich um den Filius kümmern muss – überlesen. Bei der Auswertung frage ich den Kandidaten: „Und stört es Sie nicht, dass Ihr Sohn noch immer weint?"

„Wieso?" meinte der Kandidat zurück. „Weil Sie Ihren Sohn im Kindergarten vergessen haben."

Der Kandidat wühlte in seinen Unterlagen, wurde immer nervöser. Dann fand er das betreffende Blatt mit der Angabe, wenig später einen zweiten Hinweis auf die Notwendigkeit, den Buben abzuholen oder etwas Vernünftiges zu organisieren.

„Ja stimmt, das habe ich vergessen. Aber der Kindergarten hat sicher eine Lösung für solche Notfälle."

Alle Anwesenden haben nicht schlecht gestaunt über diese Äußerung.

Wenn Sie sich eines Fehlers im Rahmen des AC bewusst werden, sagen Sie doch bitte „Ja, jetzt sehe ich es auch, das war ein Fehler."

Versuchen Sie nicht den Fehler zu bagatellisieren oder zu verschleiern. Das kommt an Tagen wie diesen gar nicht gut an.

A wie Auftreten

Der erste Eindruck zählt. Manche sagen sogar, dass er so viel zählt, dass die Entscheidung, ob man bei seinem Gegenüber gut „ankommt", in weniger als zwei Minuten fällt.

Wie tritt man also im Rahmen eines Vorstellungsgespräches auf? Selbstbewusst? Kompetent? Sicher? Freundlich, aber bestimmt? Höflich? Schüchtern und abwartend?

Nicht leicht zu beantworten diese Fragen. Da aber vom Auftreten viel abhängt, ist die Frage nach dem „Wie?" schon einige Momente des Nachdenkens wert.

Stellen Sie sich vor, Sie wollen in die Oper gehen und stehen vor Ihrem vollen Schrank – obwohl Sie natürlich nichts zum Anziehen haben – und überlegen. Schließlich entscheiden Sie sich – Sie sind übrigens männlich und in den besten Jahren – für ein Polohemd von Lacoste, eine schicke Lederjacke von Puma, eine farblich dazu passende Hose von Ihrem Schneider und als Accessoires greifen Sie zu Ihrer Rolex-Uhr und der Gucci-Brille. Alles sehr schön, sicher pfiffig, teuer und man sieht, dass Sie Stil haben – aber eines ist sicher: in der Wiener Staatsoper werden Sie auffallen. Die Kleidung passt nicht unbedingt zum Anlass – sobald Sie das Foyer betreten, werden Sie eine „Reaktion" auslösen. Die einen werden sagen „Cool, gefällt mir besser als der klassische Anzug mit Krawatte", die anderen werden sagen „Ein extravaganter Typ". Mit einem Wort – es muss das Auftreten – und die Kleidung ist ein wichtiger Teil davon – passen.

Kommen wir zurück zum Bewerbungsgespräch. Jedes Unternehmen will „Winner" rekrutieren. Damen und Herren, die das Unternehmen „weiterbringen" können. Was zeichnet aber einen „Winner" aus? Man erkennt ihn an vielen Dingen, aber ganz sicher an seiner Fähigkeit, Situationen richtig einzuschätzen und in kurzer Zeit seinem Gesprächspartner zeigen zu können, dass er weiß, wovon er spricht; dass er kompetent ist. Kurz: eine echte Verstärkung ist und ein Problem lösen kann.

Aus der Sicht des Personalberaters ist das richtige Auftreten durch eine gute Mischung aus Selbstbewusstsein, Selbstsicherheit und dem Vermitteln von Kompetenz gekennzeichnet.

TIPP

Spielen Sie keine Rolle! Geben Sie sich möglichst natürlich und überspielen Sie Nervosität oder Unsicherheit nicht mit extremer Coolness. Zu sagen, dass Sie etwas nervös sind, kommt im Zweifelsfall besser an, als zu sagen: „Ich bin zwar erst 25 Jahre, habe aber praktisch schon alles gesehen und gehört."

*Eines Tages sitzt mir ein Bewerber gegenüber, der das vom Kunden vor-
gegebene Anforderungsprofil sehr gut abdeckt. Das Gespräch war dennoch ein
wenig mühsam, weil ich mich alle paar Minuten sagen hörte: „Wie bitte? Ich
habe Sie nicht verstanden. Können Sie ein wenig lauter sprechen?" Tatsächlich
sprach der Mann recht leise. Am Ende des Gespräches wollte ich ihm und mir
etwas Gutes tun und seine Chancen beim Kunden erhöhen – deshalb wollte ich
meinen Tipp loswerden „. . . und bitte sprechen Sie wesentlich lauter – mein
Kunde wird sonst rasch die Geduld verlieren." Worauf mich mein Gesprächspartner angrinst und sagt: „Wirklich? Kann ich das?" Ich war total überrascht
von seiner Antwort und mein erstaunter Gesichtsausdruck hat ihn wohl dazu
ermutigt, eine Erklärung folgen zu lassen, und er erzählte mir, dass einer seiner
Freunde ihm geraten hatte, leise zu sprechen, sonst würde er mit seiner Körper-
größe von fast zwei Metern bedrohlich auf seinen Gesprächspartner wirken.
Natürlich verstehe ich, dass Menschen, die sich schon länger auf der Suche
nach einem geeigneten Arbeitsplatz befinden, verunsichert sind und nach Ur-
sachen und eigenen Fehlern suchen. Doch Achtung! Wenn man das übertreibt,
kommt man in einen Teufelskreis – je mehr man an sich „herumdoktort" und
sich verstellt, desto unsicherer und unglaubwürdiger wird man und die „Leider-
nein-Absagen" häufen sich und verstärken noch mehr das „Rollenspiel".
Selbstbewusst, natürlich und gut vorbereitet in Vorstellungsgespräche gehen!*

SELBST ERLEBT

A wie Ausbildung

„Eine Investition in Wissen bringt immer noch die besten Zinsen", sagte Benjamin
Franklin (1706–1790), amerikanischer Politiker, Schriftsteller und Naturwissen-
schaftler bereits 1776.

Seitdem sind doch einige Jahre vergangen, aber gerade in Zeiten wie diesen erkennen wir die besondere Bedeutung dieses Satzes. Wir können unseren Kindern
nichts Wertvolleres auf den Lebensweg mitgeben als ihre Ausbildung und später
können wir uns nichts Kostbareres schenken als Ausbildung in Form von Weiterbildung und Zusatzausbildung.

„Lernen ist wie Rudern gegen den Strom. Sobald man aufhört, treibt man zurück." Diese Erkenntnis geht auf Benjamin Britten zurück und trifft die Sache sehr
genau.

Wer heute aufhört zu lernen, wer heute beschließt, dass seine Ausbildung abgeschlossen ist, hat, wenn man die Zitate der beiden Benjamins zusammenfügt, ein
doppeltes Problem: Nicht nur, dass er nicht in den Genuss von Zinsen kommt; nein,
er wird sogar noch überholt, weil er nämlich zurücktreibt. Die Gefahr von Ratgebern ist es oft, in Banalitäten abzugleiten, und dennoch kann ich es mir nicht ersparen, auf die enorme Bedeutung der Aus- und Weiterbildung hinzuweisen. Ohne
Ausbildung geht heute gar nichts mehr. Schon gar keine Karriere.

Stellen Sie sich vor, Sie werden bei einem Bewerbungsgespräch nach Ihren EDV-Kenntnissen (so sagte man früher dazu) gefragt und Sie würden anno 2014 stolz antworten, dass Sie Word 5.0 beherrschen. Man würde Sie verwundert ansehen. Mit diesem Programm arbeitet heute kein Mensch mehr, auch weil es auf den heutigen PCs und Laptops gar nicht laufen würde.

Was ist das Resümee dieser Geschichte? Was gestern noch topaktuell war, ist heute nur noch Teil einer Vergangenheit. Wer nicht lernt und ständig weiterlernt, isoliert sich und wird für den Arbeitsmarkt unbrauchbar. Die Ausbildung muss passen, sonst gibt es keine Karriere.

Bleibt die Frage: Wann ist die Ausbildung passend und ausreichend? Passend ist sie meiner Meinung nach, wenn sie möglichst international, interdisziplinär und möglichst akademisch ist. Das Studium ist für sehr viele Karrieren bereits zwingend. Und ausreichend? Ausreichend ist es immer nur für den Moment. Unsere Welt dreht sich immer schneller und schneller und daher müssen wir tatsächlich lebenslang oder zumindest ein Berufsleben lang lernen.

A wie aus und vorbei

Es gibt im Bewerbungsgespräch (siehe auch Abschnitt B wie Bewerbungsgespräch) den Moment vor dem sich alle fürchten. Es ist jener Moment, wo der Fragesteller (der HR-Manager oder der Personalberater) eine jener Fragen stellt, die vom Bewerber eigentlich erwartet werden sollten, worauf er aber keine oder eine schlechte Antwort hat. Es ist jener Moment, in dem der Eine plötzlich rot wird – genauso rot wie der Andere, nur die Gründe sind verschieden.

Der Eine, weil ihm klar ist, dass er nicht vorbereitet ist und jetzt etwas total Falsches gesagt hat, und der Andere, weil er sich darüber ärgert, dass ein ansonsten guter Kandidat so einen Schnitzer macht. Meistens kehrt dann für einige Sekunden diese unbehagliche Stille ein und genau das ist der Moment, wo es aus und vorbei ist. Die Chance ist vertan!

Zur Illustration einige Beispiele:
> Was interessiert Sie an unserem Unternehmen?
Beispiele für Aus und Vorbei:
> Dass das Büro direkt an der U-Bahn liegt!
> Dass ich in der Mittagspause nach Hause gehen kann!
> Dass meine Freundin auch hier arbeitet!
> Dass das Arbeitsklima so gut sein soll!
Besser wäre:
> Dass die Produkte für Qualität stehen!
> Dass das Unternehmen für Innovation steht.
> Dass die Aufgabe genau zu mir passt und mich sehr interessiert.
> Dass es mir die Möglichkeit gibt, selbständig zu arbeiten und mich weiterzuentwickeln.

Bei Vorträgen über dieses Thema schaue ich den Anwesenden gerne in die Augen und merke gerade bei diesen Beispielen, wie sich so mancher denkt: „Na, so blöd kann man doch nicht sein! Mir würde so etwas nie und nimmer passieren!" Und doch passiert es häufig, dass Kandidaten aus Nervosität und weil sie eben nicht gut vorbereitet sind, die unmöglichsten Antworten geben und dann ist es eben wirklich aus und vorbei.

Ein Beispiel für Fragen, die mit hoher Wahrscheinlichkeit gestellt werden:
Nennen Sie mir drei Ihrer Stärken und drei Ihrer Schwächen!!

Die Antworten zu den Stärken fallen selten schwer – da werden Eigenschaften genannt wie kommunikativ, loyal, verlässlich, schnell lernend, pünktlich oder hartnäckig, wenn es um die Verfolgung von Zielen geht. Bei den Schwächen wird es schon mühsamer – die mit Abstand meistgenannte Schwäche ist Ungeduld. Woher das kommt? Wahrscheinlich weil in irgendeinem gutgemeinten Ratgeber stand „…und nennen Sie eine Schwäche, die auch eine Stärke sein könnte" – und da bietet sich „Ungeduld" an. Man ist ungeduldig, weil man etwas weiterbringen möchte, weil man es nicht erwarten kann, das Unternehmensziel zu erreichen, blablabla.

Manchen der Befragten geht es auch privat ganz übel, weil der Lebenspartner sich darüber beklagt, dass zu viel gearbeitet wird! Ich kann Ihnen nur raten, bleiben Sie authentisch, nennen Sie als Schwäche Dinge, die Ihnen beruflich nicht schaden können und die aber auch nicht an den Haaren herbeigezogen klingen. Ganz wichtig: übernehmen Sie keine Schwächen (aber auch keine Stärken) aus einem Ratgeber (auch nicht aus dem „ABC der Karriere"), wenn Sie nicht zu Ihnen passen oder es einfach nicht stimmt. Ein Bewerbungsgespräch ist auch eine Show, also könnten Sie zum Beispiel sagen: „Ich kann Süßigkeiten nicht widerstehen" oder „Ich bin nicht der wirklich sportliche Typ" oder „Ich bin kein spontaner Rhetoriker" – irgend etwas Vernünftiges sollte Ihnen einfallen; es kommt auch gar nicht auf den Inhalt der Antwort an, sondern auf Ihre Art, wie Sie antworten.

Worauf sollten Sie sonst noch gute Antworten haben?
> Wann könnten Sie beginnen?
> Was stellen Sie sich gehaltlich vor? (Immer in Bruttobeträgen antworten und nennen Sie sowohl das Monats- als auch Jahreseinkommen, das Sie anstreben).
> Wo möchten Sie in drei Jahren stehen (inhaltliche Ziele, keine Positionen)?
> Was wissen Sie über uns?
> Wer, glauben Sie, sind unsere Mitbewerber?
> Haben Sie noch Fragen (siehe B wie Bewerbungsgespräch)?

A wie Auslandsstudium

Der Prophet im eigenen Land zählt wenig. Eine alte Weisheit. Mir scheint, dass es mit Universitäten nicht viel anders ist. Natürlich gibt es Rankings und diverse Fachberichte über Hochschulen im In- und Ausland und es ist auch unbestritten, dass österreichische Hochschulen selten (besser eigentlich „nie") im Topbereich sind. Aus der Sicht des Personalberaters hat das weniger mit Qualität und eher mit Lobbying zu tun. Eine Wirtschaftsuniversität Wien hat nun mal weniger Fürsprecher und weniger Geld als eine Topuniversität in den USA oder England. Die Frage, die sich stellt ist: wofür brauche ich ein Auslandsstudium oder Auslandssemester? Brauche ich es, um mich in Österreich gut positionieren zu können – die Antwort ist ein klares „Jein".

Natürlich schadet ein Studium in Oxford nicht, im Gegenteil, es hilft sogar. Aber anders herum, mit einem zügig abgeschlossenen Studium in Österreich steht der Karriere auch nichts im Weg.

Aus meiner Sicht ist es eine Frage der Kosten und der Lebensqualität. Was kostet mich das Studium? Welche Opfer muss ich dafür bringen, damit ich mir das leisten kann? Wie lange dauert es, bis das Geld „hereinspielt" ist oder besser „Rendite" bringt? Die Antwort ist aus meiner ganz persönlichen Sicht simpel: zahlen Mama und Papa die Studiengebühren und den Auslandsaufenthalt aus der Portokasse, so ist das alles kein Problem – müssen Mama und Papa dafür hart sparen oder gar einen Kredit aufnehmen, zahlt es sich nicht aus. Je unbekannter (und daher auch „relativ billiger") die Hochschule ist, desto weniger zahlt es sich aus.

TIPP

Das Auslandsemester ist wertvoll, wenn es dazu dient, eine zusätzliche Fremdsprache stark zu verbessern oder etwa Englisch auf extrem hohen Niveau zu lernen. Es ist auch persönlichkeitsbildend – und zwar bringt es für das Fräulein Studentin oder den Herrn Studenten schon einen Lerneffekt, sich selbst zu versorgen, selbst zu kochen (oder aufzuwärmen, je nach kulinarischem Anspruch) oder die Wäsche selbst zu erledigen. Auch das gehört zum Erwachsensein dazu.

Resümee: Auslandsstudium oder Teilstudium sind extrem sinnvoll, wenn die Wahl des Studienortes und der Hochschule mit Hirn getroffen wurden.

A wie Aussehen

Es gibt viele Theorien, die besagen, dass Menschen, die gut aussehen, es im Leben und somit auch in der Bewerbungsphase und bei der Jobsuche leichter haben. Nun kann aber nicht jeder wie Angelina Jolie oder Brad Pitt aussehen – sofern der geneigte Leser die beiden als schön akzeptiert. Das ist aber auch nicht notwendig. Erstens, wir alle wissen, „Schönheit" ist ein dehnbarer Begriff. Zweitens (bleiben wir bei den Schauspielern) hat auch ein Jean-Paul Belmondo Karriere gemacht.

Auch wenn sich jetzt viele denken: „Das weiß ich ohnedies – was hat das mit mir zu tun?" Viel! Jeder Entscheidungsträger will „Winner" einstellen. Fesche, gesund aussehende Menschen. Darum bedenken Sie – wenn Sie einen wichtigen Vorstellungstermin um 9 Uhr haben, dann gehen Sie nicht zu spät ins Bett. Dunkle Ringe unter den Augen machen sich einfach nicht gut.

_B_

B wie Bachelor

Der „Bachelor" ist an Hochschulen der erste akademische Grad, der nach Abschluss einer wissenschaftlichen Ausbildung vergeben wird. In vielen Ländern Europas ist diese Bezeichnung im Rahmen des Bologna-Prozesses eingeführt worden, dessen Ziel die Schaffung eines gemeinsamen europäischen Hochschulraums ist.

Ein Bachelor-Studiengang hat meist eine Regelstudienzeit von sechs Semestern, kann aber auch sieben oder acht Semester (also drei bis vier Jahre) dauern. Daran anschließend kann ein vertiefender Master-Studiengang, in Ausnahmefällen bereits die Promotion, angeknüpft werden.

Zum gleichnamigen Abschluss in den USA bestehen allerdings Unterschiede, sowohl im Aufbau des Studiums als auch bei der Anerkennung der Abschlüsse.

Ziel der Einführung eines Bachelor-Abschlusses in Europa war, neben der Vereinheitlichung innerhalb der EU und einer kürzeren Studiendauer, auch ein stärkerer Praxisbezug des Studiums. Da in den Geistes- und Sozialwissenschaften die möglichen Berufsfelder oft nicht klar eingegrenzt werden können, werden in der Regel zwei oder drei Fächer studiert sowie Inhalte aus dem Bereich General Studies ergänzt.

In Österreich werden folgende Abschlussbezeichnungen verwendet: _Bachelor of Arts (B.A. oder BA), Bachelor of Science (B.Sc.), Bachelor of Education (B.Ed)._

Meiner Meinung nach handelt es sich bei dem Bachelor-Studium um eine typische Einstiegsdroge. Der Titel alleine gibt relativ wenig her (wie gesagt, das ist mein ganz subjektiver Eindruck) und ein sechssemestriges Studium wird für die große Karriere nicht reichen. Da müsste man schon „nachsetzen" und den Master machen. Macht man den Bachelor allerdings berufsbegleitend, sieht die Sache wieder anders aus. Solide Berufserfahrung plus Bachelor ist keine schlechte Ausgangsposition für einen baldigen Karrieresprung – der Master bleibt aber auch hier nicht erspart.

Was haben uns die letzten Jahre diesbezüglich gezeigt?

B wie Bachelor sollte eigentlich heißen B wie Zwischenstation oder Etappensieg oder Teilerfolg. Wer mit dem Bachelor abschließt, hat noch gar nichts gewonnen und sich noch wenig erkämpft. Viele Dienstgeber erkennen den Bachelor nicht als Akademiker an – folglich ist er unmerklich mehr als ein Maturant, aber deutlich weniger als ein Master – mit einem Wort: zum Sterben zu viel, aber zum Leben zu wenig. Aus der Praxis des Personalberaters sei gesagt, dass es kaum Thema ist, ob der Bachelor mehr verdienen soll als der Maturant. Es ist sicher klar, dass man die Systeme nicht vergleichen darf, aber früher, in der guten alten Zeit vor „Bologna", war es möglich mit dem Magisterium das Studium vorläufig (oder für manche endgültig) zu beenden, um in die Arbeitswelt einzutreten. Das geht heute nicht mehr, denn die dreijährige Studienzeit wird weder durch Anerkennung noch durch höheres Gehalt gewürdigt

B wie Bewerbungsgespräch

Stellen Sie sich vor, Sie haben bis jetzt alles richtig gemacht – das für Sie richtige Inserat entdeckt, ein gutes Bewerbungsschreiben sowie einen guten Lebenslauf verfasst und nun werden Sie zum Bewerbungsgespräch eingeladen. Welch ein Stress! Oder?

Nein, überhaupt nicht.

Viele Personalverantwortliche halten sich für „kreativ". Tatsache ist aber, dass das Bewerbungsgespräch in 80 Prozent der Fälle nach Schema „F" abläuft.

Wichtig ist, dass Sie das Bewerbungsgespräch wie einen 400-Meter-Wettlauf sehen. Also kein Sprint, aber in der Regel auch kein Marathon. Wie beim Sport – drei Phasen:

> Vorbereitung
> Wettkampf
> Analyse

Die Vorbereitung auf das Gespräch

Diese Phase ist bereits vorentscheidend für den Erfolg des Gespräches. Es ist jener Teil, in dem es gilt, so viele Informationen wie nur möglich zu sammeln. In der Vorbereitung sollte man natürlich darauf achten, wer der Gesprächspartner ist – ob nun der Personalberater oder wie folglich der Personalist:

> Wie groß ist das Unternehmen?
> Wie viele Mitarbeiter hat es?
> Wie viel Umsatz macht es ungefähr?
> In welchen Märkten ist das Unternehmen präsent?
> Wer sind die Hauptkonkurrenten?
> Wie sehen die gesamtwirtschaftlichen Rahmenbedingungen aus?

In der Vorbereitung auf das Gespräch nimmt auch die Selbstanalyse und die Analyse der Wünsche und Vorstellungen einen wichtigen Platz ein, so zum Beispiel:

> Was will ich wirklich, und zwar kurz-, mittel- und wenn möglich
  langfristig?
> Wo liegen meine fachlichen und persönlichen Stärken?

> Was bringe ich mit, um mich auf die offene Position bewerben
> zu können?
> Habe ich die von mir erwarteten Bewerbungsunterlagen gewissenhaft
> zusammengestellt? (Lebenslauf, Zeugniskopien, Lichtbild.)
> Wann könnte ich beginnen (Kündigungsfrist)?
> Welche Dotation stelle ich mir vor? Bis zu welchem Limit bin
> ich verhandlungsbereit?
> Bin ich richtig gekleidet?

Das Bewerbungsgespräch – Ihre große Chance

Ganz grundsätzlich gliedert sich das Bewerbungsgespräch in zwei Phasen:
> Die Phase der Selbstpräsentation.
> Die Phase, in der man offene Fragen stellt, um das Unternehmen und die
> Position noch besser kennenzulernen.

Während im ersten Teil die Selbstpräsentation dominiert, der Interviewer z. B. Fragen stellt, auf die man möglichst präzise antworten sollte, muss im zweiten Teil die Initiative übernommen werden. Hier gilt die Regel: „Wer fragt, führt." Der Gesprächspartner kann nicht wissen, was der Bewerber wissen möchte, wo dieser seine Ängste und Wünsche hat. Daher müssen in dieser Phase zwei Dinge beachtet werden. Einerseits soll man signalisieren, dass man sich mit dem Unternehmen und der Position bereits beschäftigt hat. Zweitens, darauf aufbauend, Zusatzfragen stellen, die den erfolgreichen Bewerber von einer „08/15-Bewerbung" unterscheiden. In jedem Fall sollten folgende Fragen gestellt werden, die eine Art „Gesamtgerüst" für das Bewerbungsgespräch sein können:
> Wie sieht die derzeitige wirtschaftliche Situation des
> Unternehmens und die Unternehmensplanung aus?
> Wie sieht die Firmenphilosophie (Corporate Identity)
> im Detail aus?
> Welche Schwerpunkte hat die Aufgabe?
> Warum wird die Position neu bzw. erstmals besetzt?
> Wo ist die Position im Organigramm eingeordnet?
> Welche Kompetenzen sind mit der Position verbunden?
> Welche Entwicklungsmöglichkeiten sind vorgesehen?
> Wie ist die Position dotiert?
> Wie wird die Einarbeitungsphase aussehen?
> Welche Weiterbildungsmöglichkeiten bietet das Unternehmen?

Das richtige Verhalten nach dem Bewerbungsgespräch

Das Bewerbungsgespräch muss immer damit enden, dass unmissverständlich vereinbart wird, wie der nächste Schritt aussehen soll, d. h., kommt das Unternehmen auf den Bewerber zu oder soll sich dieser beim Gesprächspartner melden und wann? Man sollte sich selbst und das Gespräch nachträglich nochmals analysieren, um

Wie beim großen Sportereignis, gibt es auch bei Bewerbungsgesprächen Überraschungen. Oft sitzt man als Personalberater mit am Tisch und traut seinen Ohren nicht. Anbei zwei Beispiele:

1) Der Kandidat sitzt neben mir, strahlt eine große Ruhe aus und ist mit sich zufrieden. Ich bin es auch. Der Personalchef lehnt sich zurück und holt, offensichtlich, „zu große" Fragen aus.

„Wissen Sie, wir Personalisten sind ein eigenartiges Volk. Wir stellen immer sehr merkwürdige Fragen und aus den Antworten leiten wir so Einiges ab".

Mein Kandidat setzt sich etwas auf – wie beim Tennis wartet er auf den Service seines Gegenspielers.

„Ich habe auch so eine Frage", fährt der Personalchef fort – „und zwar will ich von Ihnen wissen . . ." (mein Kandidat öffnet die Augen noch mehr und ist voll konzentriert) „. . . was würden Sie sagen, ist Ihre größte Schwäche?"

Ich denke mir naja, hätte auch origineller sein können, und während ich mir das denke, frage ich mich, wieso mein Kandidat nicht antwortet. Ich blicke zu ihm, aber er sagt nichts. Er wird ein wenig unruhig, aber sagt noch immer nichts. Ich überlege mir, ob ich etwas einbringen soll. Vielleicht sollte ich einen Scherz machen? Der Personalchef lehnt sich noch weiter zurück. Ich vermute er denkt sich „Vorteil Aufschläger". Und dann kam diese Antwort: „Meine Freunde sagen, dass ich mich zu sehr mit meiner Firma identifiziere und beschäftige und daher nur wenig Zeit für sie habe."

Die Lehre aus dieser Geschichte: Es gibt vielleicht zwei Dutzend Fragen, die immer wieder kommen. Es genügt nicht, sie zu kennen – man sollte sich auch Antworten überlegen. Antworten, die auch zu einem passen.

2) Ein anderes Beispiel sollte ebenfalls als Aufzeiger einer Gefahrenquelle dienen. Das Gespräch läuft sehr gut. Personalchef und Kandidat scheinen sich gut zu verstehen. Das Gespräch war teilweise sehr detailliert und ausführlich. Plötzlich fragt der Personalchef: „Gut, das alles ist für mich nachvollziehbar. Das passt. Nun stellt sich für mich die Frage, wo Sie nunmehr gehaltlich liegen. Was stellen Sie sich vor?"

Der Kandidat entgegnet wie aus der Pistole geschossen: „Rund 5.000 Euro brutto plus Auto." Das klingt nach einer guten Antwort – das „rund" zeigt Gesprächsbereitschaft, die 5.000 Euro eine gute Größenordnung und das Auto wurde durchaus erwähnt. Es wäre eine gute Antwort gewesen, hätte der gute Mann im Gespräch mir gegenüber nicht von 3.500 Euro brutto plus Auto gesprochen. Der Personalchef verzieht sein Gesicht und schaut auf die erstellte Unterlage, schaut mich an und sagt etwas schroffer zum Kandidaten: „Da steht aber 3.500 Euro brutto plus Auto."

Der Kandidat zuckt mit seinen Schultern und erklärt im Anschluss daran, wie er zu der Zahl gekommen ist. In seiner Erklärung befanden sich Argumente wie „Ich muss ja nicht unbedingt wechseln." Oder „Natürlich habe ich nachgerechnet und finde, dass sich ein Wechsel schon auszahlen muss."

Das Gespräch war dann recht rasch beendet.

Die Lehre aus dieser Schilderung: Bevor Sie eine Zahl nennen, überlegen Sie es sich genau. Und vor allem sprechen Sie diese mit dem Personalberater ab – denn diesen im Regen stehen zu lassen, ist kontraproduktiv.

Der Personalberater ist immer daran interessiert, dass es eine Win-Win-Lösung gibt. Eine Lösung, die lange hält. Der Personalberater sagt Ihnen im Vorfeld, ob Ihre Gehaltswünsche realistisch sind oder nicht. Er hilft Ihnen ein Paket zu schnüren – zum Beispiel kann er Ihnen Ideen geben, wie Sie auf die von Ihnen angestrebte Gehaltshöhe kommen.

Den Personalberater vor seinem Kunden dumm aussehen zu lassen, bringt mit Sicherheit nichts.

*Die **Abbildungen 1, 2 und 3** zeigen, wie Sie gut „ankommen".
Zeigen Sie, dass Sie aktiv zuhören und mit einem freundlichen Gesichtsausdruck ein wichtiges Gespräch führen können.*

Abb. 1

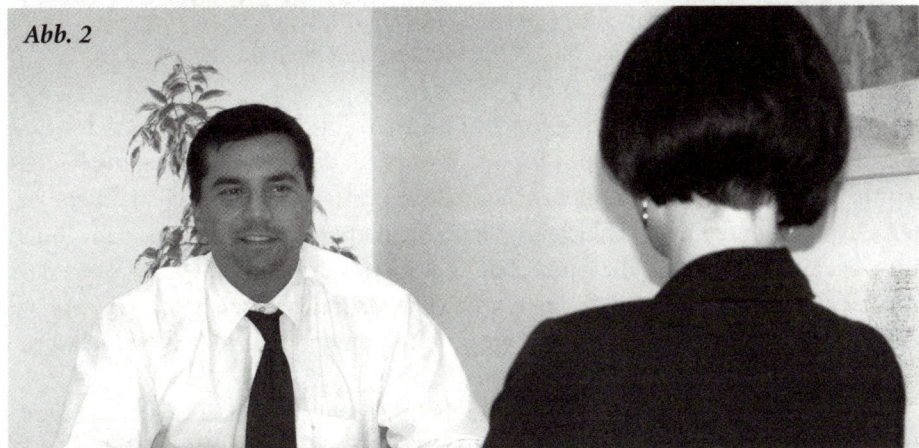

Abb. 2

Abb. 3

eventuelle Fehler für ein nächstes Mal auszuschalten. Dabei sind im Besonderen folgende Fragen von großer Bedeutung:

> Wie habe ich persönlich gewirkt (war ich unsicher, war ich sicher, selbstbewusst, habe ich mich getraut, mein vorbereitetes Programm „durchzuziehen")?

> War das Unternehmen und die Position so, wie ich mir das vorgestellt habe? Mit anderen Worten, habe ich die richtigen Informationen gesammelt und dementsprechend ausgewertet?

> War das Bewerbungsgespräch nicht erfolgreich und hat man eine Absage erhalten, ist es sehr empfehlenswert, nach den Gründen für diese Absage zu fragen.

Wenn Sie diese Schritte minutiös einhalten, kann eigentlich nicht viel passieren. Eines ist sicher: Sie lernen sich und Ihre Interessen besser kennen.

TIPP

Das gesprochene Wort ist natürlich wichtig. Ihre Vorbereitung auf das Gespräch der Schlüssel zum Erfolg. Aber sprechen Sie das Unterbewusstsein Ihres Gesprächspartners auch mit Ihrer Körperhaltung und Ihren Gesten an.

Der Mensch hat Zigtausende von Jahren an Evolution hinter und in sich – und damit auch ein sehr gutes Gespür für Situationen, in denen das sogenannte Bauchgefühl Alarm schlägt. Sie kennen sicherlich den Unterschied zwischen einem guten Gespräch und einem schlechten. Wenn Sie nicht genau wissen, warum Ihnen Ihr Gegenüber eigentlich die ganze Zeit über nicht sympathisch wurde, ohne dass er oder sie Ihnen diesbezüglich einen offiziellen Grund gegeben hat. Das Gespräch ist gelaufen, alle Informationen sind eingeholt und dennoch ist da dieses seltsame, ja warnende Bauchgefühl.

Besonders Personaler hören gerne auf ihren Bauch, müssen sie doch ihrem Auftraggeber aus einem Pool von Kandidaten die besten herausfiltern. Daher ist es umso wichtiger, beim Gespräch mit dem Personalprofi offen und interessiert zu wirken, wie Sie es in den Abbildungen 1 bis 3 gesehen haben.

Die Körpersprache wirkt sich nun einmal auf das Gegenüber aus. Positiv und negativ. Um dem Bauch Ihres Gegenübers keinen Grund zu geben, Alarm zu schlagen, finden Sie auf den folgenden Seiten Abbildungen, wie Sie es nicht machen sollten.

Vermeiden Sie zu lässiges Sitzen (Abbildung 4 und 5).
Speziell jüngere Recruiter/innen fühlen sich dadurch verunsichert.
Das Gespräch kann somit nur schieflaufen.

Abb. 4

Abb. 5

Abb. 6

Abb. 7

Seien Sie aufmerksam, aber fixieren Sie Ihren Gesprächspartner nicht.
(Abbildung 6 und 7).

Klingelt Ihr Handy während des Gespräches, bitte zögern Sie nicht es abzuschalten. Es sei denn, Sie erwarten wirklich einen extrem wichtigen Anruf (zum Beispiel: Ihre Frau steht kurz vor der Entbindung). Am besten Sie drehen Ihr Handy vor Gesprächs-beginn ab und hören später Ihre Mobilbox ab: Ganz schlecht wäre zu sagen: „Warten Sie einen Moment, ich drehe es gleich ab" **(Abbildung 8)** *oder „Ist ohnedies nicht wichtig"* **(Abbildung 9).** *Das macht das Gesprächsklima eventuell kaputt. Widmen Sie sich ganz und gar Ihrem Gesprächspartner und lassen Sie sich nicht durch Ihr Handy aus der Ruhe bringen. Denn eines ist sicher – das Klingeln Ihres Mobiltelefons bringt auch Sie aus der Ruhe. Und wenn noch dazu der Klingelton richtig „außergewöhnlich" ist, perfektioniert das die Katastrophe.*

Abb. 8

Abb. 9

B wie Bewerbungsschreiben

Das Bewerbungsschreiben ist neben dem Lebenslauf das wichtigste Dokument und Arbeitswerkzeug. Es ist ein Türöffner oder im schlechtesten Fall ein „Türverriegler".

Für das Bewerbungsschreiben gilt: kurz, prägnant und punktgenau. Es sollte alle wichtigen Informationen auf einen Blick zeigen: Wer bewirbt sich? Warum? Für welche Position?

Eine A4-Seite reicht völlig aus. Beim Bewerbungsschreiben sollte man die in Marketing-Kreisen sehr bekannte AIDA-Formel stets im Kopf haben: Attention, Interest, Desire, Action.

Ein Personalberater bekommt auf ein Zeitungsinserat etwa 50 Bewerbungen, auf ein Internet-Inserat zirka 70 bis 80 Bewerbungen (das sind jeweils Durchschnitte). Selbstverständlich sind Personalberater bemühte und qualifizierte Zeitgenossen – dennoch neigen sie unter Stress zum Querlesen. Sollten Sie der Typ sein, der in epischer Breite sich wortgewaltig darstellt, ist die Chance groß, dass Sie eine Absage bekommen oder den berühmten „Wir halten Sie in Evidenz"-Brief. Die Wortwahl ist eine Stilfrage – jedem gefällt etwas anderes. Wichtig ist allerdings, das Bewerbungsschreiben kurz und bündig zu halten.

Der steirische Lebenslauf:

hödlmosers eigenhändig geschriebener lebenslauf, der bewerbung zum gemeinderat beigelegt.
3 jahre nach meiner geburt, die ich persönlich im jahre 1933, u. zw. am 23. 12. im kumpitz bei fohnsdorf in der steiermark erlebt habe, erblickte ich, franz josef hödlmoser, meinen vater in der gestalt des josef franzbauer.
ich weiß noch, daß ihn meine selige mutter, die alte hödlmoserin, anna hödlmoser, beim weggehen angespuckt hat, weil er nicht mein vater hat sein wollen.
seit damals hab ich den alten franzbauer sehr gehaßt. unser bauernhof, der hödlmoserhof, ist eine halbe stunde über kumpitz.
zusammen mit großvater und großmutter hödlmoser habe ich dort meine kindheit verlebt.
bald darauf sind sie gestorben. die alte hödlmoserin, meine selige mutter, hat mich soweit gebracht, daß ich mit sieben jahren schon die zweiklassige volksschule in allerheiligen besuchen habe dürfen, die ich nach fünfjähriger lehrzeit mit dem abschlußzeugnis habe abschließen können.
weil ich mit zwölf jahren schon fertig gewesen bin, bin ich schon sehr früh selbständig geworden.
mit meiner seligen mutter, die ist fünf jahre später in einer grazer heilanstalt gestorben, leider, habe ich die wirtschaft geführt. der alte franzbauer, mein

leiblicher vater hat inzwischen eine kalteneggertochter aus allerheiligen geheiratet und ist sehr reich geworden.

aus dieser ehe ist dann der junge franzbauer sepp entsprungen, der arme.

auch mir hat der alte franzbauer nie etwas gezahlt. weil er mich noch dazu gereizt hat und weil ich einen sehr schnellen charakter besitze, habe ich ihn eigenhändig am 15. märz 1950 in der brathendlstation timmerer in möderbrugg er-
stochen.

heute würde ich das wahrscheinlich nicht mehr tun, denn ich habe dann meine
zeit bis 1960 im gefängnis in leoben und judenburg verbringen müssen.

es hat aber auch den großen vorteil gehabt, daß ich mit vielen wichtigen leuten
zusammengekommen bin.

zwischen 1953 und 1958 habe ich mich auch mit der bibliothek des kreisgefäng-
nisses leoben ausgebildet, das hat mir auf meinem weiteren lebensweg sehr geholfen.

dann bin ich gleich ein jahr lang in das bergwerk fohnsdorf arbeiten gegangen,
wo ich als huntbremser bei der sortierung beschäftigt worden bin.

ich habe abgerechnet, weil mich die pflicht als bauer gerufen hat.

jetzt bin ich wieder in meinem mutterhaus über kumpitz und lebe mit meiner
gattin fani hödlmoser, geb. hinterleitner, die ich am 22. 8. 1966 geheiratet habe,
und meinem sohn schurl hödlmoser, geb. am 20. 1. 1967, zusammen und bin
bauer.

mein hof geht gut.

ich habe auch verwandte in fohnsdorf, hetzendorf, sillweg, rattenberg, aichdorf,
zistl und bretstein sowie in st. peter ob judenburg in möschitzgraben.

mein zweiter sohn ist unterwegs und ich möchte nun gemeinderatsmitglied
werden.

ich habe 2 ha boden mit wald, einen stadl, 1 traktor, 12 kühe mit 1 stier und 2
ochsen geerbt und viele kontakte.

franz josef hödlmoser

(Aus: Reinhard P. Gruber Aus dem Leben Hödlmosers, Wien/Salzburg, Residenz Verlag 1973)

*Verzichten Sie bei allgemeinen Bewerbungen
(jene, die sich nicht auf ein konkretes Inserat beziehen)
auf plumpe Anbiederungen wie „. . . Ihr Unternehmen ist mir als seriös,
besonders erfolgreich, dynamisch, . . . bekannt!". Masterfoods weiß, dass es
seriös, erfolgreich und dynamisch ist! Legen Sie stattdessen einen aktuellen
Artikel bei, dem genau dieses Erfolgreichsein zu entnehmen ist.*

BEISPIEL FÜR EIN BEWERBUNGSSCHREIBEN:

Andreas Mustermann
Operngasse 95
1010 Wien
Tel.: +43 664 818 817 95
EMail: am@gmx.at

ABC Personalberatung
z. Hd. Dr. Simon Müller
Am Hauptplatz 144/Top 2
4020 Linz

Wien, 31. 1. 2014

Betrifft: Position „Leiter/in Finanz- und Rechnungswesen"
(Inserat „Die Presse" vom 18. 1. 2014)

Sehr geehrter Herr Dr. Müller,

die Position „Leiter/in Finanz- und Rechnungswesen" hat mich sehr
angesprochen. Ich bin derzeit bei der Firma Brown & Duck in einer
vergleichbaren Position tätig und glaube daher, Ihre Anforderungen erfüllen
zu können.
Ich lege Ihnen meinen Lebenslauf bei und stehe Ihnen unter 0664/818 817 95
für weitere Fragen zur Verfügung.
Die Motivation mich zu verändern, würde ich gerne in einem persönlichen
Gespräch erläutern.

Mit freundlichen Grüßen
Andreas Mustermann

B wie Bewerbungsunterlagen

Die Bewerbungsunterlagen oder klassisch die Bewerbungsmappe ist jenes Instrument, mit dem Sie auf sich aufmerksam machen können – also nehmen Sie sich genügend Zeit dafür. Die Bewerbungsmappe besteht aus vier Elementen:

> **Bewerbungsschreiben** – siehe Bewerbungsschreiben.

> **Lebenslauf:** wenn ausdrücklich erwünscht handschriftlich, ansonst tabellarisch per EDV verfasst – siehe Lebenslauf.

> **Zeugnisse:** Kopien der wichtigsten Schul- und Unizeugnisse, Arbeitszeugnisse – zahlreiche Kursbestätigungen (zum Beispiel Microsoft für Anfänger) sind nicht relevant. Siehe Zeugnisse.

> **Lichtbild:** ein relativ aktuelles Lichtbild, muss jedoch nicht unbedingt ein Passfoto sein – sollte aber eben kein Bild sein, das Sie am ersten Schultag mit großer Schultüte in der Hand zeigt. Siehe F wie Foto.

In der Kürze liegt die Würze!
Niemand liest sich drei Seiten Lebenslauf und zwei Seiten
Bewerbungsschreiben durch. Als Faustregel gilt: sind Sie unter 30 Jahre,
hat sowohl der Lebenslauf, als auch das Bewerbungsschreiben auf je einer Seite
Platz. Sind Sie älter und haben daher auch schon mehr gemacht, bleibt das
Bewerbungsschreiben auf einer Seite, der Lebenslauf auf maximal zwei Seiten.

Leider auch B wie Burnout

Glaubt man den Hollywoodfilmen der 70er- und 80er-Jahre, hat jeder zweite Amerikaner des sogenannten Mittelstandes (der High Society sowieso) einen Psychiater. Generell war es so, dass dieser entweder in Komödien mit hohem Anteil an Slapstick-Situationen seinen Auftritt hatte oder eben als Mörder.

Anyway, Herr und Frau Österreicher hatte damit relativ wenig am Hut. Mehr als 20 Jahre später hat uns diese Realität eingeholt. Immer mehr Menschen brauchen medizinische Unterstützung. Bereits Schulkinder – oft auch schon in der Volksschule – benötigen einen ausgebildeten Therapeuten, um mit dem Schulstress klarzukommen. Was für Schulkinder zutrifft, tritt vermehrt auch bei Managern und Führungskräften im Allgemeinen auf. Diese sind müde, leer und erschöpft. Nur, Manager sind oft wie Indianer, die ja bekanntlich keinen Schmerz kennen – aber wie heißt es in einer Werbung für Schmerzmittel so treffend? Wer von uns ist schon Indianer?

Ein Manager sieht sich oft als „einsamer Wolf", der Entscheidungen trifft und sich oft auch immer mehr isoliert. Ob jetzt Topführungskraft oder junger Manager – beziehen Sie Ihre Umgebung mehr mit ein. Auch bei Entscheidungen.

Denken Sie nicht, dass Ihre Leistung an der ständig steigenden Anzahl an Überstunden gemessen wird. Versuchen Sie Ihren Arbeitstag zu begrenzen. Eine vernünftige und sinnvolle Länge ist gefragt. Und nehmen Sie sich Urlaub, wie alle anderen auch.

Als Personalberater habe ich es oft mit Kandidaten/innen zu tun, die mir sagen „. . . ich habe aus den letzten zwei Jahren noch acht Wochen offenen Urlaub." So soll der Eindruck erweckt werden, dass man extrem einsatzfreudig und belastbar ist, aber das ist nicht der Fall – ich stelle mir eher die Frage „Wie lange hält dieser Kandidat das noch durch? Wann passiert die Katastrophe? Wann der große Fehler?"

Darum suchen Sie die Balance zwischen Arbeit und Freizeit, zwischen Berufs- und Privatleben – so senken Sie die Gefahr eines Burnouts enorm.

Und vor allem ist es auch Aufgabe einer Führungskraft, darauf zu achten, für die Mitarbeiter ein entsprechendes Umfeld zu schaffen, das dafür sorgt, dass Burnouts nicht entstehen können.

C

C wie Cassius Clay

Es sind nicht immer die klugen Manager oder Wissenschaftler, die die Rezepte für Erfolg, Ruhm und Ansehen entdecken. Der junge Muhammad Ali – damals noch Cassius Clay – hat das Geheimnis nahezu jeden beruflichen Erfolges auf prägnante Art beschrieben. Auf die Frage, wie er sich seine Zeit einteilt, sagte er „50 Prozent meiner Zeit trainiere ich meinen Körper (sehr hart) und 50 Prozent meiner Zeit erzähle ich den Leuten, wie hart ich meinen Körper trainiere!"

Was bedeutet das für uns? Ganz einfach: Hart und konsequent arbeiten und dann erzählen, wie hart und konsequent man gearbeitet hat. Selbst-Marketing heißt das Stichwort. Wenn niemand weiß, wie genial Sie sind, werden Sie auch nicht befördert, bekommen nicht mehr Lohn und auch keine neuen, spannenden Projekte.

Mir ist schon klar, jetzt werden wieder einige sagen: „Ja, die Welt gehört den Verkäufern – wer viel heiße Luft redet, kommt weiter als der, der solide Arbeit leistet." Das mag schon alles ein wenig stimmen. Nun, Selbst-Marketing alleine hat nicht lange Erfolg, aber nur bescheiden in der zweiten Linie zu stehen, führt ebenso zu Frust.

Im Bewerbungsgespräch kommt immer wieder die Frage nach dem größten persönlichen Erfolg. Nachdem diese Frage tatsächlich immer kommt, siehst es nicht gut aus, wenn der Kandidat keine gute Antwort parat hat. Darum überlegen Sie sich zwei bis drei Erfolge, die Sie je nach Bedarf „auspacken" können, zumal es eine tolle Chance des Selbst-Marketings ist. Stellen Sie sich doch ins richtige Licht. Am besten sind natürlich Erfolge, die jene Eigenschaften unter Beweis stellen, die für die zu besetzende Position relevant sind.

TIPP

C wie Chinesisch

Später, beim Abschnitt „I wie Investment", werden wir noch über Chinesisch sprechen. Eines ist aber sicher – wer chinesisch lernt und es zumindest auf einfachem Konversationslevel spricht, wird mehr als gefragt sein.

Brauchen Sie noch mehr Argumente, um sich überzeugen zu lassen?

> 2009 ist China der größte Kreditgeber der USA.

> 1,3 Milliarden Chinesen sind ein enormes Kundenpotenzial.

Man könnte die Liste beliebig lang verlängern, aber wozu?

China ist der Markt der Zukunft. Als Karrieremacher haben Sie doppelte Chancen: Nach China zu gehen (zumindest für ein bis zwei Jahre), um dort für einen amerikanischen oder westeuropäischen Konzern zu arbeiten; oder hier im Land zu bleiben und für ein chinesisches Unternehmen zu arbeiten, welches nach Europa oder sogar nach Österreich kommt.

Dass sich einige Dutzend chinesische Unternehmen in Österreich niederlassen werden, steht für mich außer Zweifel.

Wie immer im Leben lernt man die Dinge nicht von heute auf morgen. Wer heute an der Wirtschaftsuniversität oder an einer Fachhochschule studiert, wer Jus oder ein Technik-Studium wählt und nebenbei einige Wochenstunden Reserve hat, sollte Chinesisch lernen. Das trifft genau so für Geisteswissenschaftler, Mediziner und alle anderen zu. Vereinfacht ausgedrückt lässt sich festhalten – in einer mathematischen Formel (ohne Unbekannte): abgeschlossenes Studium + Chinesisch = 100 Prozent Karriere!

TIPP

Lernen Sie Chinesisch, solange Sie noch (relativ) jung sind. Das gilt im Übrigen auch für alle anderen zusätzlichen Fremdsprachen.

Warum? Nicht weil Sie es mit 44 Jahren nicht mehr lernen, sondern weil Sie mit 44 Jahren vielleicht nicht mehr so leicht ins Ausland gehen können. Der Auslandsaufenthalt muss natürlich in die Lebenskurve – sprich: in die Lebenssituation – passen.

Stellen Sie sich vor, Sie sind 44 Jahre jung, verheiratet und haben zwei Kinder mit sechs und vierzehn Jahren. Da ist es schon schwieriger nach China zu übersiedeln – das jüngere Kind vor dem vielleicht schwierigen Einstieg in die Schule, das ältere vor oder in der Pubertät.

Wenn Sie 44 Jahre sind, sind Ihre Eltern vielleicht schon 74 Jahre und die will man auch nicht alleine lassen. Gehen Sie allein nach China und Ihre Frau/Ihr Mann bleibt hier, so ist das in der Regel das Ende der Ehe – denn aus über 20 Jahren Berufserfahrung als Personalberater (und nicht als Ehe-Coach) traue ich mich zu behaupten, dass Ehen auf Distanz nur in den seltensten Fällen halten.

Darum: wenn Sie der Typ sind, der für eine internationale Karriere in Frage kommt, dann stellen Sie rechtzeitig die Weichen. Zu sagen, ich gehe für mein Unternehmen nach China und spreche auch chinesisch ist sicher top.

D wie Datenbank

Ist jemand auf der Suche nach einem neuen Job, empfiehlt es sich, mit drei bis vier renommierten Personalberatern in regelmäßigem Kontakt zu sein. Das Zauberwort ist „regelmäßig".

Jeder Personalberater, der sich auf Direktansprachen spezialisiert, lebt von seiner Datenbank. Je besser die Datenbank, desto schneller kann er seinem Kunden

Eine junge Kollegin interviewt einen Kandidaten für eine offene Position. Zum Gespräch bringt er seinen Lebenslauf mit, weil es sich nicht ausging, diesen vorab zu senden. Routinemäßig schaute die Kollegin, bevor sie den Kandidaten eingeladen hatte, in der Datenbank nach und stellte fest, dass er vor etwa sechs Jahren schon bei uns im Haus war und somit ein alter Lebenslauf vorhanden ist.

Im Laufe des Gespräches stellt sich heraus, dass die Lebensläufe nicht übereinstimmen. Einige Jahre sind anders dargestellt und er hat offensichtlich auch bei unterschiedlichen Firmen gearbeitet – zur selben Zeit!

Die junge Kollegin ist leicht verunsichert und weiß nicht, wie sie sich verhalten soll. So kann sie das Gespräch aber nicht fortlaufen lassen. Was tun? Sie sagt zu ihm ganz vorsichtig: „Herr XY, ich verstehe nicht, wie Sie von Mai 1997 bis Oktober 2001 bei der Firma A als Vertriebsleiter tätig sein konnten und gleichzeitig von Jänner 2001 bis November 2003 bei der Firma B angestellt waren." Stille kehrt ein. Der Kandidat fragt, woher sie ihre Informationen bezieht. Sie zeigt ihm die beiden Lebensläufe. Einiges Schweigen und Starren auf den alten Lebenslauf. Der Kandidat wird laut und verlässt grußlos das Büro.

Die Kollegin hat einen sehr guten Job gemacht und unseren Kunden vor einem doch recht dubiosen Kandidaten bewahrt.

Nach weiteren Recherchen stellte sich heraus, dass der Kandidat seinen Lebenslauf regelmäßig „verschönert" hatte, um die Löcher zu verstecken. Er dachte dabei recht schlau zu sein, da er keine Zeugnisse vorgelegt hatte. Dass ein professioneller Personalberater jeden Lebenslauf in seine gut funktionierende Datenbank eingibt und zusätzlich auch Gesprächsprotokolle archiviert werden, daran hat er wohl nicht gedacht.

SELBST ERLEBT

qualifizierte Bewerber vorstellen. Daher ist es wichtig, dass Sie darauf achten Ihren Lebenslauf aktuell zu halten.

Es ist noch nicht lange her, da hatten wir unseren Festnetzanschluss und aus. Nun leben wir in der Welt der Handys und dem Konkurrenzkampf der Netzbetreiber. So kommt es vor, dass jemand seinen Lebenslauf schickt (den er vor fünf Monaten adaptiert hat) und weder Mobilnummer, noch E-Mail-Adresse etc. aktuell sind. Wer allerdings nicht leicht erreicht werden kann, hat einen kleinen Wettbewerbsnachteil.

Wie wichtig der Lebenslauf im Rahmen eines Bewerbungsprozesses ist, wurde schon mehrmals erwähnt. Er ist das wichtige Instrument, um sich qualifiziert vorzustellen. Nun kann es leicht sein, dass Sie dieses Mal – aus welchen Gründen auch immer – nicht zum Zug kommen. Dann „wandert" Ihre Unterlage in die Datenbank und von dort sollte sie im richtigen Moment „herausspringen".

Achten Sie darauf, dass Ihr Lebenslauf aktuell ist – nicht nur in Bezug auf Ihre Kontaktdaten, sondern auch in Bezug auf Ihre professionelle Entwicklung. Aus dem Lebenslauf sollen schließlich Ihre aktuellen Kenntnisse und Verantwortungsbereiche ersichtlich sein. Adaptieren Sie Ihren Lebenslauf daher regelmäßig.

Je nach Background und Arbeitsweise des Personalberaters Ihres Vertrauens sollte sich Ihr Lebenslauf in deutscher sowie englischer Sprache in der Datenbank befinden.

D wie digitale Identität

Einmal im Net – immer im Net. Jeder Eintrag ist, wenn man so will, für die Ewigkeit – alles ist wiederauffindbar.

In diesem Buch wird mehrmals darauf hingewiesen, wie wichtig es ist, genau aufzupassen, was man über sich preisgeben will. Achten Sie auf Ihre „Jugendsünden". Es kann leicht sein, dass Sie sich eines Tages um eine Führungsposition im Bankbereich bewerben und dann mit Ihrer Vergangenheit konfrontiert werden. Es könnte durchaus sein, dass Sie dann ein Problem bekommen, wenn Sie gefragt werden, ob Sie noch immer in der Gruppe der „Revolutionären Maoisten" sind und man Ihnen die dazugehörige Homepage zeigt.

Damit Sie die Tragweite der digitalen Spuren auch plastisch ersehen können, machen Sie bitte Folgendes:
Geben Sie in ein oder zwei Suchmaschinen Ihren Namen ein und sehen Sie, wie präsent Sie heute bereits sind. Im Anschluss daran machen Sie Ähnliches mit zwei, drei Führungskräften aus Ihrem Umkreis – das Resultat könnte Sie durchaus überraschen.

Es muss ja nicht so extrem sein, aber wie gesagt, denken Sie daran und seien Sie vorsichtig, damit kein Nacktfoto oder wenig sinnvolle Äußerungen zum falschen Zeitpunkt auf den Tisch kommen.

D wie Direktansprache

Jeder „Jung-Manager" träumt davon, jeder Topmanager ist verwirrt beziehungsweise nachdenklich, wenn es eine Zeit lang nicht passiert ist: die Direktansprache.

Stellen Sie sich vor, das Telefon läutet („läutet" hätte man früher gesagt – welches Handy läutet heute noch?) und ein Headhunter fragt Sie, ob Sie jetzt kurz Zeit für ein Gespräch hätten. Wie verhält man sich dann richtig – sprich: professionell?

Man kann davon ausgehen, dass der Anruf kein Zufall ist. Ein Researcher hat Sie identifiziert und gemeinsam mit dem das Projekt betreuenden Berater festgestellt, dass das Anforderungsprofil und Ihr bisheriger beruflicher Werdegang zusammenpassen könnten. Also freuen Sie sich, wenn Sie angesprochen werden – es ist womöglich die Chance auf einen Karrieresprung.

Werden Sie angesprochen, bleiben Sie „cool".
Erster Reflex – können Sie jetzt überhaupt ungestört sprechen? Oder sind Sie
gerade mit Ihrem Chef und dessen Frau beim gemeinsamen Abendessen. Das
wäre natürlich ein Extremfall, aber angerufen zu werden, wenn man gerade mit
Kollegen, Kunden oder Mitarbeitern isst, kann schon vorkommen. Wenn es gerade nicht passt, sagen Sie es, anstatt ein unglückliches Gespräch zu beginnen.
Der Berater, der Sie kontaktiert hat, hat dafür vollstes Verständnis und
ruft Sie gerne später oder am nächsten Tag an.

Haben Sie nun richtig reagiert, untersagen Sie sich (Reflex 2) die Frage:
„Woher haben Sie meinen Namen und meine Telefonnummer?"

Die Antwort ist ohnedies klar:
Sie sind einfach gut und erfolgreich und mussten daher
einem gewissenhaften Researcher auffallen.

Hat Reflex 1 und 2 gut funktioniert, läuft der Rest von alleine –
allerdings fragen Sie bitte nicht nach dem Namen des Unternehmens
für das der Berater gerade sucht – er kann und wird es Ihnen
am Telefon nicht sagen.

Halten Sie das Gespräch offen, vereinbaren Sie dann möglichst unkompliziert
einen persönlichen Gesprächstermin mit dem Berater, um mehr Details zu
erfahren. Sollte sich am Ende des Projektes herausstellen, dass die Position für
Sie doch nicht interessant ist, so macht das gar nichts, denn Sie sind dann in
der Datenbank (siehe D wie Datenbank) – sofern Sie zustimmen – des Beraters
und der spricht Sie beim nächsten passenden Angebot gerne wieder an.

D wie Doktortitel

Ein „Wiener Original" und gleichzeitig ein Topfußballtrainer war Max Merkel. Max Merkel hatte als Trainer seine größten Erfolge in Deutschland. Dank seines „Wiener Schmäh's", seiner Schlagfertigkeit und eben seiner großen Erfolge wurde er häufig in diverse Fernsehshows eingeladen und war gern gesehener Stammgast. Eines Tages (ich weiß heute nicht mehr, wie es zu dieser Situation kam), sagte er sinngemäß: „Ihr Deutschen glaubt ja, dass Doktor, Professor und Hofrat österreichische Vornamen sind." Das Gelächter war dementsprechend groß – ein weiteres Bonmot in die Welt gesetzt. Auch noch in den 70er- und 80er-Jahren war ein echter Akademiker nur einer mit Doktortitel.

Wie ist es heute? Zahlt es sich heute noch aus?

Die Antwort muss zweideutig ausfallen und vielleicht (für manche) logisch wienerisch: NJein. Das Gerücht hält sich hartnäckig, dass Herr oder Frau Doktor im Wartezimmer eines Arztes weniger lange warten muss, ebenso in Wartezimmern bei Ämtern und Behörden und man im Restaurant den besseren Tisch bekommt. So gesehen zahlt sich der „Doktor" ganz klar aus.

Öffnet der „Doktor" die Tür zur großen Karriere? Eher nicht.

Es ist mir in den letzten zehn Jahren sicher kein einziges Mal passiert, dass der Kunde einem „Doktor" den Vorzug gegenüber eines „Diploms" oder „Magisters" gegeben hätte.

Und wie sieht es international aus? Noch schlimmer!

In den meisten europäischen Ländern werden die akademischen Titel erst gar nicht auf der Visitenkarten geführt. Die Liebe zum Titel ist eine österreichische Eigenschaft.

Noch wichtiger als in Österreich, sind die Titel allerdings in Deutschland. Das mag jetzt verblüffen und scheint auch im Widerspruch zu dem eingangs zitierten Max Merkel zu stehen, ist aber wahr. Mehr als einmal haben mich deutsche Gesprächspartner darauf hingewiesen, dass sie Diplomvolkswirte sind. Also bitte nicht über Österreich lästern.

TIPP

Studieren Sie nicht des Titels wegen – versuchen Sie ein vertiefendes oder ergänzendes Studium. Das Studium zählt. Der Ruf der Universität an der Sie studiert haben. Die Komplexität Ihrer Diplomarbeit oder Dissertation ist ausschlaggebend und ein „Opener". Der Titel ist oft „Schall und Rauch". Denn wenn Sie des Titels wegen studieren, könnten Sie sehr enttäuscht werden. Stellen Sie sich vor, Sie sind jetzt Herr Dr. Anton Mustermann, beginnen bei – sagen wir – Oracle, ein Unternehmen, welches in Österreich für sein exzellentes Betriebsklima bekannt ist. Glauben Sie, dass irgendwer im Haus Sie mit Dr. Mustermann ansprechen wird? Nein, sicher nicht. Und außerdem ist man dort ohnedies mit allen Kollegen „per Du". „Hey Dr. Toni, kannst du mir die Excel-Auswertung schicken?", klingt doch ein wenig seltsam.

_E_

E wie egoistisch

Ich bin ganz wichtig! Falco sang „Ich bin ein Egoist!" Hört sich böse an, ist aber notwendig, um Karriere zu machen.

Oder anders – weniger provokant – ausgedrückt, ein Quäntchen Egoismus ist notwendig, um Karriere zu machen.

Jede Zeit, jede Managementphilosophie und jede Gesellschaft im Allgemeinen hat ihre Werte und Besetzungen. In unserer Zeit und geografischen Breite sprechen wir sehr viel von Teamwork, Teamgeist und Teambuilding. Diese Worte sind positiv besetzt und kommen daher in jedem Bewerbungsgespräch unzählige Male vor. Egoismus ist negativ belegt und diese Eigenschaft kommt daher in keiner Selbstbeschreibung vor. Meiner Meinung nach zu Unrecht. Ein echter Leader, eine wirkliche Führungskraft muss auch (ein klein wenig) egoistisch sein und nach vorne/nach oben wollen. Nur wer das will, will das auch für sein Unternehmen, für seine Unit, für sein Profit Center.

Etwas Egoismus hat mit „über Leichen zu gehen" nichts zu tun. Wir haben Ellbogen, um sie zu benützen – nicht nur um bei Tisch zu „lümmeln".

Wenn Sie sich im Rahmen von Bewerbungsgesprächen selbst beschreiben sollen, halte ich es bei manchen Positionen durchaus für angebracht zu sagen „Ja, ich kann auch egoistisch sein."
Ich schätze, da wird Ihr Gegenüber Augen machen und Sie können erklären, was Sie darunter verstehen und schon bekommt Ihr Profil Ecken und Kanten – und das soll ja bekanntlich nicht schaden.

E wie Ehrgeiz

Manche Sachen klingen banal, sind aber trotzdem wichtig und richtig. Viele Menschen haben Toppotenzial und exzellente Fähigkeiten, aber bringen es beruflich dennoch zu nichts – warum aber?

Vielleicht, weil ihnen der Ehrgeiz fehlt!

Ehrgeiz ist eines jener Worte, die ich als „Grenzgänger" im Wertesystem einstufe. Es klingt oft negativ, wenn man von jemandem Dritten hört: „Der ist wahnsinnig ehrgeizig!"

Ich finde es allerdings positiv, wenn jemand ehrgeizig ist, etwas erreichen will, einfach der oder die Beste sein will. Wer „simply the best" ist, hat mehr Möglichkeiten Neues, etwas Zusätzliches beziehungsweise den weiteren Karrieresprung zu machen. Ehrgeiz ist wie eine Lokomotive, wie ein Antrieb, und ohne diesen fährt weder der Zug, noch fliegt die Rakete. Ohne Ehrgeiz gibt es keine Karriere. Viele Tests – zum Beispiel auch Assessment Center – achten darauf, ob ein Kandidat ehrgeizig ist. Das hat auch seinen Grund.

E wie E-Mail-Adresse

Die E-Mail-Adresse ist heutzutage eine wichtige Sache und spielt besonders in der Bewerbungsphase eine wichtige Rolle.

Von dieser E-Mail-Adresse aus versenden Sie Ihre Bewerbungsunterlagen und antworten Sie auf eingehende E-Mail-Nachrichten.

Achten Sie auf Ihre E-Mail-Adresse ebenso wie auf den Text Ihrer Mobilbox (siehe M wie Mobilbox). Auch die E-Mail-Adresse darf nicht zu leger oder gar „schlüpfrig" sein. Auch wenn Sie Ihre Frau liebevoll „Mausebär" nennt, ist „mausbaer1@gmx.at" ebenso wenig professionell wie „susimaus" oder „spiderman83".

Noch ein Tipp: *Verwenden Sie bitte Ihre eigene E-Mail-Adresse. Wir bekommen oft Bewerbungsschreiben von Herrn Mustermann, versendet von der Adresse „Susi Mustermann".*

Ein letzter Tipp: *Senden Sie niemals, wirklich niemals eine Bewerbung von Ihrem Firmen-Account weg. Das kann sehr dumme Folgen haben. Es ist weder teuer, noch kompliziert sich einen E-Mail-Account anzulegen – also bitte machen Sie das und wählen Sie eine sinnvolle Adresse.*

E wie Englisch

Englisch ist fast wie Autofahren – alle können es und trotzdem gibt es laufend Unfälle. Der gute alte Heinz Conrads sang in den 60ern „Ja da wär's gut, wenn man Englisch kennt". Heute ist es nicht nur gut, sondern ein Muss für alle, die Karriere machen wollen. Die Headquarters sind über den Globus verstreut, die Konzernsprache ist sehr oft Englisch.

Aber wie gut muss mein Englisch sein?

Die Antwort ist einfach: Es muss reichen, um in einem Bewerbungsgespräch zu bestehen. Unternehmen sagen, dass die Entscheidung über die Aufnahme oder Nichtaufnahme binnen der ersten wenigen Minuten eines Bewerbungsgespräches erfolgt – in diesen ersten Minuten bestimmt der Small Talk das Gespräch.

Fachvokabeln lassen sich immer noch rasch nachlernen – mit dem Small Talk ist es da schon schwieriger. Kann ich meinem Gesprächspartner, der vielleicht das erste Mal in Wien ist, den Unterschied zwischen Wiener und Pariser Schnitzel erklären, würde das Unterbewusstsein meines Gesprächspartners ihm sagen: „Ja, der versteht mich!" – und das ist nicht nur beim Schnitzel wichtig!

Jeder von uns surft – oft sinnlos – im Internet. Warum nicht zwischendurch eine englische Boulevard-Zeitung lesen? Das Englisch, welches dort gesprochen bzw. geschrieben wird, ist Umgangssprache. Und Umgangssprache ist Small Talk.

„Hagar the horrible" vergrößert den Wortschatz, ohne dass man viele Vokabeln lernen muss.

Oder wie wäre es mit den neuesten Nachrichten aus dem Königshaus? Fußballplatz? Polit-Szene? Es geht hier nicht um den Inhalt, sondern um Redewendungen und eben Vokabular.

E wie Executive Search

Executive Search steht für eine ganz bestimmte Dienstleistung im Rahmen der Besetzung von Führungspositionen beziehungsweise von Spezialisten. Die Kandidaten werden vom „Headhunter" (so die eingebürgerte umgangssprachliche Bezeichnung) direkt angesprochen. Zuvor wurden sie von einem hochqualifizierten Researchteam identifiziert.

Wenn Sie in Österreich nach Executive-Search-Unternehmen fragen, werden Ihnen häufig Personalberater genannt, die auf das Instrument der anzeigengestützten Suche zurückgreifen (Zeitungs- und/oder Online-Inserat). Executive Searcher sind weitaus weniger bekannt, zumal sie sich, was ihr Standesdenken und ihre Ethik anbelangt, eher mit Anwälten und Wirtschaftsprüfern vergleichen.

Damit keine Missverständnisse entstehen: Die anzeigengestützte Suche ist natürlich ein ehrenwertes und aufrichtiges Gewerbe – hat aber mit Executive Search nichts zu tun. Es sind eben unterschiedliche Welten und Arbeitsweisen.

Wer sind nun die Topplayer in diesem Gewerbe? Die Top Five sind Korn/Ferry, Heidrick & Struggles, Spencer Stuart, Russel Reynolds und Ray & Berndtson – und alle sind amerikanischer Provenienz. Von diesen Unternehmen ist in Österreich, was die besetzten Toppositionen anbelangt (aus meiner ganz persönlichen Sicht), nur Spencer Stuart wirklich bedeutend.

Unter G wie die „Glorreichen 7" lesen Sie, welche Personalberater ich in Österreich empfehle. Denn es gibt natürlich auch in Österreich sehr professionell arbeitende und engagierte Unternehmen, welche allerdings – und das ist eher der Nachteil – zumeist ihre Kunden nur in Österreich unterstützen können.

Wer ist Kunde eines international tätigen Executive-Search-Unternehmens?
Es sind in der Regel ebenfalls große und international tätige Unternehmen,
denn diese benötigen auch Spezialisten und Führungskräfte, die sich in inter-
nationale Teams eingliedern können und international arbeiten möchten.
Daher ist das Unternehmen auch an einem Partner interessiert, der einen
Search auch international durchführen kann und der über eine gute Datenbank
(siehe Stichwort D wie Datenbank) verfügt.
Außerdem ist der Service eines Executive-Search-Unternehmens auch nicht
ganz günstig, was dazu führt, dass kleine nationale Unternehmen diese
Beträge gar nicht ausgeben wollen.
Wollen Sie lieber bei einem österreichischen Klein- und Mittelbetrieb arbeiten,
so werden Sie Ihre Bewerbungsunterlagen nicht an Spencer Stuart schicken.
Genauso wenig nützt es Ihnen, wenn Sie Ihre Karriere bei Masterfoods fort-
setzen wollen, Ihre Bewerbungsunterlagen an Uschi Neuhuber Personal-
beratung in Wien 13 zu senden, denn die gute Uschi (Name natürlich erfunden)
wird Konzerne á la Masterfoods wahrscheinlich nicht zu ihren Kunden zählen
können (zumindest nicht was Führungspositionen anbelangt).
Es macht also Sinn sich die Homepage eines Personalberaters anzusehen,
um festzustellen, ob er auch die für Sie passenden Kunden hat. Sie gehen ja
auch nicht zum Augenarzt, wenn Sie Nierenschmerzen haben.
Auch dann nicht, wenn der Augenarzt top ist!

E wie Expatriate

Der Expatriate ist in der Regel jener Manager oder High Potential, der für sein Unternehmen ins Ausland geht. Expatriate zu sein, ist aus den verschiedensten Gründen mehr als erstrebenswert: es ist jener Auslandsaufenthalt, der es ermöglicht, einen Karrieresprung zu machen, gleichzeitig viel zu lernen und obendrein um einiges mehr zu verdienen als im Inland.

Der Expatriate bereitet mit seinem Auslandsaufenthalt einen weiteren Karrieresprung im Inland vor. Oder? Nein, eigentlich nicht. Oder doch?

Habe ich Sie nun verwirrt? Es ist Tatsache, dass für die zurückkommenden
„Expats" oft keine adäquate Position im Unternehmen vorhanden ist. Oft ist es
ein „Oneway-Ticket". Gründe dafür liegen in der mangelnden Planung innerhalb
des Unternehmens. Der Expat, der heute weggeht und, sagen wir in drei Jahren,
zurückkommt, findet bei seiner Rückkehr eine ganz andere, oft völlig veränderte
Situation vor. Er hat möglicherweise einen neuen Chef, vielleicht sogar einen neu-
en Eigentümer, die Kontakte sind verschwunden, der Markt hat sich verändert.
Folglich bleibt er noch sechs bis zwölf Monate im Haus, um sich zu orientieren
und um dann das Unternehmen zu verlassen. Das ist für seinen Arbeitgeber ein
enormer Verlust, denn das erworbene Know-how geht verloren. Der Expat aller-

dings „heuert" bei einem anderen Unternehmen an, um entweder rasch wieder ins Ausland zu gehen oder bei einem vergleichbaren Unternehmen einen Karrieresprung zu machen.

Finanziell rentiert es sich in den allermeisten Fällen. Ein Expatriate verdient gut und gerne zwischen 30 und 100 Prozent mehr als im Inland (meist abhängig in welcher Position und wohin man ins Ausland geht. Faustregel: je weiter weg, desto mehr). Dazu kommen interessante Zusatzversicherungen, Schulgeld für die lieben Kleinen, eine schöne Wohnung oder gar ein komfortables Haus. Und und und, die Liste der Lockmittel ist noch lang und der Phantasie des Unternehmens keine Grenzen gesetzt.

Als weitere Anreize sind Übersiedlungskostenzuschüsse ebenso wie Sprachkurse oder Hilfe bei der Suche nach einem Job für den Lebenspartner üblich.

*Achten Sie darauf, einen Auslandsaufenthalt als Expatriate verbringen zu
können – es lohnt sich, wie bereits erwähnt. Allerdings Achtung:
Sind Sie zu lange weg aus Österreich, verlieren Sie viele wichtige Kontakte und
Netzwerke, Sie sind abgeschnitten von informellen Informationsflüssen
und das wird zum Problem. Ebenso wird es für Sie schwierig sein, zu zeigen,
dass Sie den „Heimmarkt" noch gut genug kennen, um bei Kunden und
Partnern weiter entsprechend anzukommen. Es gibt natürlich keine Faustregel,
gehen Sie aber davon aus, dass jeder Aufenthalt, der fünf Jahre übersteigt,
kritisch werden kann – nicht muss.*

E wie „Extra-Meile"

Sich für eine Aufgabe zu melden, die sonst keiner übernehmen will. Überstunden zu machen, die keiner der Vorgesetzten bemerkt und die daher auch nicht bezahlt werden. Um 19 Uhr ein Mail zu beantworten, obwohl eigentlich bereits um 18 Uhr Büroschluss wäre – wer all das macht, ist keineswegs ein Streber oder Kriecher, sondern jemand, dem bewusst ist, dass mit Dienst nach Vorschrift keine Karriere zu machen ist. Nur der, dem es wirklich klar ist, dass man etwas mehr machen muss, hat die Chance auf Karriere. Diese Erkenntnis ist aber nicht überraschend. Der Chef, der Entscheidungsträger, der sich auf Frau Müller/Herrn Maier verlassen kann, weil er weiß, dass er/sie da ist, wenn es nötig ist, wird seine/n Mitarbeiter/in für einen Karrieresprung vorsehen. Die auf der Karriereleiter Überholten nennen den Überholer dann voller Neid „Protektionskind" oder „Liebling vom Chef", wobei das noch die harmloseren Bezeichnungen sind. Sicher ist jedoch, dass ohne „Extra-Meile" nichts mehr geht – schon gar keine Karriere!

___ *F* ___

F wie facebook

„Es ist fast unmöglich, die Bedeutung von Facebook für den Verlauf einer Karriere in wenigen Worten zu beschreiben." Dieser Satz ist falsch. Es ist nämlich sehr leicht, die Auswirkungen von facebook auf die Karriere zu beschreiben. Man könnte es sogar mit zwei Worten tun: „Meist tödlich!"

Im besten Fall schadet facebook nicht, meistens aber sind die Einträge und Fotos wahres Dynamit und zerstörerisch. Es gibt mittlerweile keine Personalberatung mehr, die nicht auf facebook schaut. Je jünger die Damen oder Herren sind, desto wahrscheinlicher ist es, dass der erste Blick auf den Lebenslauf des potenziellen neuen Mitarbeiters durch einen Blick auf Facebook abgerundet wird. Manchmal bleibt der Mund des Betrachters offen und schließt sich erst Minuten später. Hatte man erst gestern ein Gespräch mit einem/einer sympathischen nett gekleideten Akademiker/in und hat sich über den schön geschriebenen Lebenslauf gefreut, so sieht man heute den jungen Mann oder die Dame völlig betrunken unter einer Bank liegen oder mit Freunden auf einem Sofa sitzen, umgeben von jeder Menge leerer Bierflaschen. Fotos wie diese oder Softpornobilder sind zwar nicht unwitzig, bringen aber die so dargestellten High Potentials nicht weiter. Wer privat zu sorglos ist und nicht filtern kann, hat auch beruflich schlechte Karten. Je weniger Sie von sich preisgeben, desto besser ist es. Es schadet Ihnen, wenn Sie voller Begeisterung posten, dass Sie stark angeheitert mit vier Ihrer besten Freunde (die völlig betrunken waren) mit dem Auto unterwegs waren. Daher der gut gemeinte Tipp: Erst Denken, dann Posten! Ein nachträgliches Entfernen von Bildern und Einträgen ist nicht so einfach.

Erinnern Sie sich an die Fußball-WM. Deutschland wurde Weltmeister, viele Karrieren am Fußballplatz oder außerhalb haben Aufschwung genommen, andere wurden beendet und wieder andere haben dann doch nicht stattgefunden.

Eine sehr attraktive Belgierin wurde bei der Fußball-WM auf der Tribüne entdeckt und während des Spiels mehrfach jubelnd eingeblendet. Die junge Dame erhielt sogar einen Vertrag eines französischen Kosmetikkonzerns. Doch nur wenige Tage später ist der Traum der 17-Jährigen brutal zerplatzt – weil sie auf ihrer facebook-Seite ein Bild von ihr bei der Safari-Jagd postete. Auf dem Foto kniet sie hinter einer getöteten Oryx-Antilope und grinst in die Kamera, über ihrer Schulter liegt ein Gewehr. Das Bild, das offensichtlich bereits vor einem Jahr entstand, ist mittlerweile, wie auch ihr facebook-Account, gelöscht. Es hatte einen regelrechten

Shitstorm ausgelöst, worauf sich der Konzern von der jungen Dame distanzierte. Wir kennen die näheren Umstände dieser verhängnisvollen Jagd nicht, ob die junge Dame tatsächlich geschossen hat oder nicht? Ob sie tatsächlich nur posiert hat? (Was auch nicht gerade schlau wäre.) Die Wahrscheinlichkeit, dass eine 16-Jährige eine Antilope erschießt, ist eher gering, und dennoch hat dieses Bild eine Karriere eines Fotomodells (zunächst einmal) verhindert.

> *Vor einigen Wochen hat mir eine sonst sehr ruhige und besonnene Personalistin wutentbrannt Folgendes erzählt: „Und stellen Sie sich vor, da bringt mir Frau X ein ärztliches Attest, dass sie wegen anhaltender starker Kopfschmerzen nicht zur Arbeit kommen konnte – und gleichzeitig postet sie auf facebook Bilder, die sie mit ihrem Mann und Freunden beim Hausbauen zeigen."*
> *Die Personalistin hat, aus meiner Sicht, den logischen nächsten Schritt gesetzt. Nun hat die Dame mehr Zeit für den Hausbau und befindet sich, wie es immer so schön heißt, „auf der Suche nach neuen Herausforderungen".*

SELBST ERLEBT

No go's

1) Posten Sie keine freizügigen Bilder. Das Tattoo auf der linken Pobacke oder auf dem Rücken sollte sich nicht im www. wiederfinden.

2) Posten Sie keine politischen Statements. Was Sie wählen, geht niemanden etwas an und außerdem kann sich das auch ändern. Da sich in Österreich immer mehr Unternehmen klar positionieren, müssen Sie sich nicht mit Gewalt als politisch anders denkend outen, schon gar nicht, wenn es Ihnen nicht wirklich wichtig ist.

3) Machen Sie keine politisch unkorrekten Witze. Da kann man sehr leicht anecken oder in das berühmte „Fettnäpfchen" treten. Oder wollen Sie unbedingt da-

Ein Tattoo auf dem Rücken hat nichts im www zu suchen

Posten Sie keine politischen Statements oder machen Sie keine unkorrekten Witze

mit zitiert werden, dass Sie Frauen mit Vollbärten nicht mögen? Das sind völlig unnötige Kommentare, die nicht wirklich karrierefördernd sind.

4) Machen Sie sich nicht über andere Menschen lustig. Vielleicht brauchen Sie noch einmal etwas von Ihren „Opfern" oder es sind Freunde Ihres zukünftigen Chefs.

5) Geben Sie nicht an, protzen Sie nicht. Denn die Welt ist voller Neider!

F wie Fachhochschule

Ein kurzes Statement zur Fachhochschule: Das sind ganz großartige Bildungsinstitutionen. Für den Studenten gut überschaubar – sowohl vom Inhalt, als auch von der Dauer des Studiums.

Das Image der Fachhochschulen hat sich stark verbessert und es macht Sinn, sich ein solches Studium sehr ernsthaft zu überlegen – nicht nur was die Überschaubarkeit betrifft, sondern auch die Praxisnähe ist signifikant.

Besonders interessant sind berufsbegleitende Studien.

Relevante Berufserfahrung und dazu passend ein abgeschlossenes FH-Studium sind ganz ausgezeichnete Voraussetzungen für eine gute Karriere. Wer den Biss hat neben seiner beruflichen Herausforderung noch ein Studium zu meistern, der braucht sich keine Sorgen um seine Zukunft zu machen.

F wie Ferialpraktikum

Dass Ferialpraktika wichtig sind, ist klar. Aber welche sind besonders interessant und verhelfen später zu einem guten Start in ein aufregendes Berufsleben?

Was ist interessanter? Ein vierwöchiges Praktikum in der Treasury-Abteilung einer österreichischen Großbank? Oder vier Wochen Kellnerin beim Wirten „ums Eck"? Schauen wir uns beide näher an.

Der Praktikant in der Treasury-Abteilung, was macht der so? Er schreibt Informationen zusammen, kopiert Unterlagen, „durchsurft" das Internet nach geeigneten Informationen, macht Kaffee und Tee, holt die Post. Eine sehr vielseitige Aufgabe und vor allem vielschichtig.

TIPP

Nehmen wir an, Sie haben gerade ein Jus- oder WU-Studium fertig. Jeder wird annehmen, dass Sie ein Experte im bürgerlichen Recht sind oder ein Spezialist in Sachen Absatz-Marketing – aber neben diesen Fachkenntnissen sollten Sie die sogenannten „Soft Skills" beziehungsweise soziale Kompetenz mitbringen und nachweisen können. Das wiederum funktioniert mit einem geschickt gewählten Praktikum perfekt.
Noch ein Tipp: *Ganz genial ist es, wenn Sie ein Auslandspraktikum wählen können. Da lernen Sie noch besser Ihre Fremdsprachen und stellen nebenbei auch weitere „Soft Skills" unter Beweis.*

Was macht die Kellnerin beim Wirt ums Eck? Sie nimmt rasch und höflich Bestellungen auf, läuft den ganzen Arbeitstag zwischen Küche und Gast hin und her – das noch dazu möglichst schnell und mit einem Lächeln auf den Lippen –, erklärt dem ungeduldigen Gast, dass es etwas länger dauert, weil alles frisch zubereitet wird, kann sich geduldig anhören, dass das Bier warm, das Gulasch kalt und das Schnitzel zu klein und dass außerdem alles viel zu teuer ist. Kommt Ihnen das bekannt vor? Ja, es erinnert an Customer Care, an Relationship Management, an Beschwerdebearbeitung, an Sales-Support und vieles andere mehr.

Ferialpraktika wie diese sind Gold wert, denn sie helfen zu erkären, warum Sie von sich behaupten, kommunikativ, belastbar, freundlich, kundenorientiert und und und zu sein.

Resümee: Nichts gegen das Praktikum bei der Großbank (schließlich können Vater, Onkel und/oder Freund auch ihre Kontakte spielen lassen), aber ein Ferialjob als Kellnerin, bei der Post, am „Bau" oder Vergleichbares hilft in der Regel mehr und weiter.

F wie Foto

Das Foto erfüllt im Rahmen einer Bewerbung drei Zwecke. Zwei Wochen nach dem Gesprächstermin erinnert sich der Personalberater oder HR-(Human-Resources-)Manager besser an das Gespräch mit Ihnen, wenn er den Lebenslauf, seine Notizen sowie Ihr Foto bei sich liegen hat.

Weiters zeigt das Foto auch, ob und was sich der Kandidat bei der Auswahl des Fotos überlegt hat. Ist es alt? Privat? Sehr privat? Zeigt es Sie so, wie Sie heute aussehen, oder noch mit Brille und langen Haaren, obwohl Sie schon seit zwei Jahren Kontaktlinsen und einen flotten Kurzhaarschnitt tragen – im Übrigen rot und nicht mehr brünett?

Der dritte Punkt ist ein sehr heikler, deshalb spricht man auch nicht darüber – aber das Aussehen ist wichtig.

Natürlich sind wir politisch korrekt und das Aussehen eines Bewerbers spielt absolut keine Rolle. Nie. Niemals. Ganz und gar nicht. Und dennoch gibt es viele Unternehmen und viele Positionen, für die das Aussehen sehr wohl eine Rolle spielt. Denken Sie an die smarten Sales-Manager, die Sekretärinnen, die Empfangsdamen, die souveränen Jungberater.

Also bitte Foto beilegen. Sie müssen nicht wie der neue Hollywoodstar aussehen, aber ein bisschen Schönheit hilft.

Wie heißt es so schön? Ein Bild sagt mehr als Tausend Worte.

Auf den nächsten Seiten folgen einige Bilder zur Illustration. Es handelt sich um gestellte Aufnahmen, aber im wahrsten Sinne des Wortes „nachgestellt" – wir erhalten häufig solche Bilder.

Aufnahmen von coolen Managern, lässigen Typen, feschen Mädels und so weiter. Die Bilder sind meist gut, die abgebildeten Personen wirken sehr oft sympathisch, aber die Bilder passen eben nicht zum Anlass. Sie erfüllen nicht ihren Zweck.

Abb. 1

Abb. 2

Abbildung 1+2 zeigen eine junge, fesche Dame mit sympathischer Ausstrahlung. Für ein Foto im Rahmen einer Bewerbung aber total unpassend.

Abb. 3

Zum Vergleich Abbildung 3 – hier wirkt dieselbe junge Dame „business like".

Beachten Sie, dass ein Dekolleté sich generell nicht gut macht – zumindest nicht auf Lebensläufen. Es sei denn Sie wollen „Austria's Next Topmodel" werden.

Bei Männern gelten Anzug und Krawatte beinahe als „Muss". Kleider machen Leute – zu einem Nachwuchsmanager gehört ein Anzug. Zu einer Führungskraft sowieso.

Sind Sie so gar nicht der Anzugstyp, lassen Sie sich zumindest auf ein weißes Hemd mit Krawatte ein.

Sehen Sie sich die nächsten drei Fotos an.
Wer von den Herren könnte ein „Leiter Controlling" sein? Welcher ein „Leiter Marketing"? Ein freischaffender Journalist? Ein Lebensmitteltechniker?

Abb. 4

Abb. 5

Abb. 6

Ihre Bewerbung muss stimmig sein und idealerweise mit den üblichen „Klischees" übereinstimmen.

Mir ist klar, dass nun viele sonst geneigte Leser den Kopf schütteln werden. Aber die Erfahrung sagt, nur wer wie ein Manager aussieht, hat die Chance als solcher auch eingestellt zu werden.

In der Werbung eines renommierten Fruchtsafterzeugers heißt es: „Nur wo Darbo draufsteht, ist Darbo drin!" (oder so ähnlich).

Ich möchte mich gerne noch einmal wiederholen: es muss stimmig sein. Bewerbe ich mich als Redakteur bei einem Jugendmagazin, werde ich auf Anzug und Krawatte verzichten.

Achtung: die Managerfalle!

Nicht jeder, der telefoniert, ist ein Manager! Es ist auch kein Zeichen von Managerqualität, wenn jemand seinem Bewerbungsgespräch Bilder beilegt, auf denen man beschäftigt telefoniert.

Abb. 7

Abb. 8

Kommen bei Ihnen die Bilder 7+8 gut an? Sind Ihnen diese Kandidaten sympathisch?

Wahrscheinlich nicht. Sie werden sich fragen: Was will der Kandidat mit diesem Bild sagen? Dass er telefonieren kann? Dass er lesen UND telefonieren gleichzeitig kann?

Bevor Sie die erste Bewerbungsmappe versenden, gehen Sie zum Fotografen und lassen Sie ein Bild von sich machen. Das ist aktuell und wird viele Ihrer Bewerbungen unterstützen. Denken Sie daran – Österreich ist ein eher konservativer Markt, daher eher ein klassisches Bild wählen. Ziehen Sie sich so an, als hätten Sie Ihren ersten Arbeitstag. Für Männer ist die Krawatte unerlässlich, für Damen ist ebenfalls ein professioneller Look angesagt. Also keine gewagten Dekolletés– sexy ist zwar gut, aber nicht in der Bewerbungsphase.
Noch ein Tipp: *Überlegen Sie, wo Sie sich bewerben. Bewerben Sie sich bei einer jungen, „peppigen" Werbeagentur oder bei Siemens Österreich als Junior Controller?*

In über 20 Jahren Personalberatung habe ich schon viel gesehen und erlebt. Vieles hat sich verändert – gleichgeblieben sind die Fotos. Über viele müssen wir „schmunzeln".

Einige Highlights kurz beschrieben:

- *Vier Männer an einem Heurigentisch + ein Pfeil „Das bin ich".*
- *Manager sitzt an seinem Schreibtisch mit zwei Telefonen in der Hand – hat auf uns sehr beschäftigt gewirkt.*
- *Zwei Männer, zwei Frauen und ein Kind unter dem Weihnachtsbaum – „Wir am Heiligen Abend."*
- *Mann (das Gesicht kaum erkennbar) lehnt an (vielleicht dem eigenen?) Porsche Coupé.*
- *Ein locker 20 Jahre altes Passbild (kommt allerdings häufig vor) – schließlich will man sich von seiner besten Seite zeigen.*

SELBST ERLEBT

F wie Frauen

Karriere und Frauen sind zwei Worte, die nicht zusammenzupassen scheinen. Fragt sich bloß warum?

Sind Frauen dümmer als Männer? Weniger geschickt? Weniger brutal? Weniger kreativ? Was ist es?

Warum kommen Frauen selten in Führungspositionen? Warum verdienen Frauen weniger?

Vielleicht weil Frauen Kinder bekommen? Daran kann es nicht liegen – die Geburtenraten sind nicht wirklich hoch – diese Ausrede kann es nicht sein. Dass Frauen weniger schlau und begabt sind – das kann man wohl auch nicht sagen. Nach über 20 Jahren Personalberatung kann ich die Fragen auch nicht beantworten, aber ich habe Vermutungen, warum Frauen oft nicht den verdienten Karrieresprung machen.

Auf Platz 5 meiner Vermutungen liegt der Verdacht, dass sich männliche Recruiter vor Frauen fürchten – die Angst im Bewerbungsgespräch zu unterliegen, führt (meiner Meinung nach) zu unfairen Fragen und daher enden die Gespräche schlecht. Beispiele für unfaire Fragen gefällig? – „Haben Sie Vorstellungen, was Ihre Familienplanung anbelangt?" (Diese Frage ist theoretisch gar nicht erlaubt, aber wenn ich einen Euro für jedes Mal, wenn sie gestellt wird, bekommen würde, wäre ich wahrscheinlich reich!) oder „Was wird Ihr Mann denn sagen, wenn Sie soviel auf Reisen sind?" No Comment.

Auf Platz 4 steht die Vermutung, dass Frauen andere Frauen einfach nicht so fördern, wie Männer Männer fördern. Die weibliche Konkurrenz ist oft ein Problem – umsonst sagen nicht so viele Frauen, dass es schlimm sein kann, nur mit Frauen zu arbeiten.

Platz 3: Frauen beginnen oft in Positionen, die klassische Frauenpositionen sind und bei denen es kaum oder nur schwer ein „Weiterkommen" gibt. Beispiele: Assistentin, Buchhalterin oder Sachbearbeiterin.

Platz 2: Frauennetzwerke funktionieren nicht so gut wie die männlichen Pendants dazu. Beispiel: Rotarier, CV, Freimaurer oder Lions sind von Männern dominiert und durch die Strukturen dieser Vereine ist ein gewisses „Nachrücken" leichter, und der Zugang zu Informationen beziehungsweise ein Informationsvorsprung ist ein riesiger Vorteil.

Platz 1 und somit mein Hauptfavorit als Erklärung dafür, dass Frauen seltener und schwerer Karriere machen als Männer ist – und ich traue es mich gar nicht zu sagen –, dass Frauen ganz einfach andere Prioritäten haben als Männer. Familie (die eigenen Eltern und die eigenen Kinder), ein echter Freundeskreis und Zeit für sich selbst sind Frauen wichtiger als es bei Männern der Fall ist. Ich glaube wirklich, dass Frauen oft sehenden Auges auf Karriere verzichten – oft um einfach mehr vom Leben zu haben. Diese Wahl sollte meiner Meinung nach aber gewollt sein und Frauen, die sich für die Karriere entscheiden, sollte dieser Weg auch nicht verwehrt sein.

Beginnen Sie rechtzeitig zu „netzwerken". Suchen Sie sich Vereine aus, von denen Sie meinen, sich einbringen zu können – Frauen dominierte Vereine ebenso wie gemischte Vereine – und streben Sie in diesen Vereinen auch Ämter und Funktionen an. Das ist total wichtig. Für Sie ist es eine exzellente Übung zu lernen sich durchzusetzen, zu argumentieren, Koalitionen zu bilden und – vor allem – an der Spitze zu stehen. Speziell in Österreich ist Networking eine wichtige Sache – schließlich leben wir in einem Land der Vereine und der Vereinsmeierei, der Kommissionen und Ausschüsse.

F wie Fringe Benefits

Das Unternehmen, das Sie besonders interessiert, hat im Moment keine Möglichkeit, Ihnen in Bezug auf Ihre Gehaltswünsche entgegenzukommen. Die Differenz beträgt 500 Euro brutto pro Monat. Das ist viel, aber wiederum auch nicht. Jedenfalls 7.000 Euro pro Jahr – das ist auf jeden Fall viel.

Auf diesen Betrag möchte und sollte man (sofern man nicht unbedingt muss) nicht verzichten. Wie stellt man es an, diese Differenz zu verringern?

Fringe Benefits ist das Zauberwort. Die viel zitierten und diskutierten Fringe Benefits sind ganz einfach Gehaltsbestandteile, die nicht als Gehalt bezeichnet werden. Am bekanntesten ist wohl das Firmenauto – auch zur privaten Nutzung. Hat man einen Firmenwagen, erspart man sich jede Menge Geld: Versicherung, Reparaturen, Service, den zweiten Reifensatz, Benzin (gerade heute ein Thema).

Aber neben dem Auto gibt es natürlich das Mobiltelefon, den Laptop – beides wird sicher nicht ausschließlich für berufliche Zwecke genutzt.

Weiters zählen dazu Versicherungen, günstiger Einkauf in firmeneigenen Shops oder bei Partnern, günstigere Konditionen bei Krediten oder Darlehen beziehungsweise Veranlagungen. Die Befreiung von Spesen und Gebühren darf man ebenfalls miteinberechnen. Ganz wichtig: das vergünstigte tägliche Mittagessen in der Kantine.

Besonders interessant sind Ausbildungen, Kurse, Trainings bis hin zu Zuschüssen bei Studien und/oder diversen Studienaufenthalten.

Die Liste der möglichen Fringe Benefits ist lang und der Phantasie des Unternehmens sind keine Grenzen gesetzt. Es müssen nur alle Beteiligten wollen. Wenn das der Fall ist, kann man 500 Euro pro Monat beziehungsweise 7.000 Euro pro Jahr gut überbrücken und vom steuerlichen Aspekt gesehen, ist es sicher auch interessant.

Lassen Sie sich mit dem Ablehnen eines Stellenangebotes Zeit – vor allem, wenn der einzig störende Punkt das Gehaltsangebot ist. Überlegen Sie genau, was Sie anstatt von Bargeld sonst noch interessieren könnte. Wenn das alles nicht ausreicht, können Sie immer noch ablehnen.
Ein weiterer Tipp zu diesem Thema: *Bedenken Sie bitte, dass je angespannter die wirtschaftliche Situation eines Unternehmens beziehungsweise gar der gesamten Volkswirtschaft ist, desto enger der Handlungsspielraum in Bezug auf das Gehalt ist. Eine zusätzliche Ausbildung wäre nicht nur als Fringe Benefit interessant, sondern auch als Investition in die berufliche Zukunft.*

TIPP

F wie Frust

Die Karriere ist oft wie eine Hochschaubahn. Es geht bergauf und dann wieder bergab, um wieder bergauf zu gehen.

Frank Sinatra beschreibt es – zwar in einem anderen Zusammenhang – sehr praktisch: „Du steigst auf im April, stürzt ab im Mai, bist aber im Juni wieder top."

Im April und Juni gibt es demnach kein Problem und die Welt ist in Ordnung. Aber wie verhält man sich im Mai, wenn der Frust am größten ist?

Schimpfen, Raunzen, Jammern. Über den Chef, die Kollegen, die Kunden und Partner herziehen. Alles schlecht machen. Frust total.

VORSICHT! Das ist sehr gefährlich – Ihre Aussagen werden sich herumsprechen, Ihre negative Einstellung wird bald vielen Ihrer täglichen Ansprechpartner klar werden und dann ist es schwer, wieder in gute Stimmung zu kommen. Das Klima wird vielleicht sogar „vergiftet" bleiben. Darum lassen Sie Ihren Frust zu Hause – leben Sie ihn nicht in der Firma aus. Wer schlecht über andere spricht, schlechte Stimmung verbreitet und ständig nörgelt, wird bald zum Außenseiter und steht im Abseits.

TIPP

Wenn Sie schlecht „drauf" sind und es merken, empfehle ich Ihnen an etwas Positives zu denken. Ziehen Sie sich nicht selbst in den Abgrund. Lassen Sie Ihren Frust woanders aus – sei es im Fitness Center oder beim Joggen oder bei irgendeiner anderen sportlichen Aktivität. Fordern Sie Ihren Körper und machen Sie sich so den Kopf frei. Wenn Sie es wie Winston Churchill halten (no sports), dann gehen Sie mit Ihrem Lebenspartner essen; wenn Sie gerade Single sind, gönnen Sie sich etwas Schönes – im schlimmsten Fall kaufen Sie sich das hundertvierte Paar Schuhe oder den dreihundertachten Zinnsoldaten. Völlig egal, aber gehen Sie am nächsten Tag mit einem Lächeln ins Büro.

Ein weiterer Tipp:
Schimpfen Sie im Rahmen des Bewerbungsgespräches nie über Ihren Ex-Chef oder Ihre Ex-Firma – das wirft kein gutes Bild auf Sie. Ganz im Gegenteil.

F wie fünfzig

F wie fünfzig oder auch über fünfzig. Ja, es gibt sie noch immer, diese älteren Menschen, die es schwer haben, etwas Neues zu lernen oder sich zu konzentrieren. Es ist nicht einfach für diese Menschen, die ein derart biblisches Alter erreicht haben, denn sie wollen es nicht einsehen, dass sie nicht mehr gebraucht werden. Spaß? Nein, bittere Ironie. Fünfzig Jahre oder älter zu sein, ist heute ein Problem, wenn man in die missliche Lage gekommen ist, sich auf dem Arbeitsmarkt aktiv bewerben zu müssen.

Frust auslassen und sich einmal so richtig ausjammern ist eine gute Sache. Fragen Sie Ihren Arzt, Apotheker oder Therapeuten. Aber gehen Sie damit nicht zum Personalberater! Denn der Personalberater will seinen Kunden motivierte, engagierte und positive Kandidaten vorstellen und keine „Jammerer".

Eines Tages habe ich einen Leiter Rechnungswesen interviewt. Die Position war nicht einfach zu besetzen, zumal mein Kunde neben der sehr profunden fachlichen Qualifikation auch sehr gute Französischkenntnisse voraussetzen musste. Unter normalen Umständen hätte ich diesen Kandidaten nicht eingeladen, aber da er scheinbar fachlich gut zu passen schien, das Lycée Francais in Wien besucht hatte und sehr gut Französisch sprach, lud ich ihn ein – trotz des Umstandes, dass er in den letzten sechs Jahren vier verschiedene Dienstgeber hatte.

Kurz zusammengefasst war die Erklärung für die häufigen Wechsel wie folgt: Bei dem einen Dienstgeber ging er weg, weil der Geschäftsführer völlig inkompetent war und keine Ahnung von Finanzen hatte. Bei der zweiten Veränderung war er einfach enttäuscht von der fehlenden Bereitschaft des Konzerns, auf seine Ideen einzugehen. Sein Chef im dritten Unternehmen (man darf es gar nicht laut sagen) war, angeblich laut seiner Aussage, Alkoholiker. Was bei dem vierten Arbeitgeber nicht geklappt hat, will ich hier gar nicht wiedergeben. Immer waren alle anderen schuld, mein Kandidat war stets von „inkompetenten Ignoranten" umgeben.
Wenn wir ehrlich sind – was soll und kann man da schon ausrichten?

Wer fünfzig Jahre ist, muss schon etwas Besonderes haben oder herzeigen können, um eine echte Chance zu bekommen. Aber wo liegt eigentlich das Problem?

Es sind hauptsächlich zwei Problemfelder. Einerseits sind es jüngere Entscheidungsträger, die es sich nicht zutrauen, ältere Mitarbeiter zu führen. Die Angst jemanden einzustellen, der vielleicht bessere Kontakte hat oder ein Mehr an Erfahrung nutzbringend verwenden könnte, ist ein wahrer Hemmschuh.

Das andere Problem ist der Umstand, dass es in Österreich nicht akzeptiert wird, dass jemand, wenn er weniger verdient als in der Vergangenheit, trotzdem zufrieden und motiviert sein kann. Wenn jemand sagt, dass er bis dato 4.000 Euro verdient hat, aber ein Angebot über 3.100 Euro auch annehmen würde, wird sofort gemutmaßt, dass der potenzielle neue Mitarbeiter ja zwangsläufig unzufrieden sein muss. Daher wird jemand eingestellt, der bis dato 2.900 Euro verdient hat, und den man nun auf 3.100 Euro hinaufsetzt. Für diese Person bedeutet das neue Gehalt eine Steigerung und somit ist sie automatisch voll motiviert. Ende der Diskussion.

Mit 50 ist es möglicherweise tatsächlich schon zu spät, um am Arbeitsmarkt weiterhin eine attraktive Rolle spielen zu können. Klingt hart, ist aber wahr. Der schlaue Spruch vom permanenten Lernen hat in unserer Zeit absolute Berechtigung und Gültigkeit. Spätestens mit 40 Jahren, aber wirklich spätestens, müssen Sie eine Aus- und Weiterbildungsoffensive starten. Sie müssen zeigen, dass Sie aus Eigeninitiative heraus lernen können und wollen und dass Sie nichts von ihrer intellektuellen Neugier verloren haben. Verbessern Sie Ihr Englisch, lernen Sie ein neues Software-Programm, machen Sie den Bilanzbuchhalterkurs, wenn Sie bis dato in der Buchhaltung gearbeitet haben. Es ist fast egal was, aber machen Sie etwas. Sie müssen ab einem gewissen Alter, und das ist meiner Meinung nach eben mit 40, nachweisen können, dass Sie lernfähig, einsatzbereit und vor allem belastbar sind. Sie sollten zumindest alle drei Jahre einen relevanten Kurs machen und ein Diplom erwerben. Bedenken Sie: Österreich ist ein Land der Titel, Diplome und Urkunden. Daran hat sich in den letzten 100 Jahren wenig geändert, und ich glaube auch nicht, dass sich in den nächsten Jahren hier Entscheidendes ändern wird. Wer also mit 50 noch eine gewisse Auswahl haben möchte bzw. sich um attraktive Positionen bewirbt, sollte rechtzeitig auf seine Aus- und Weiterbildung achten und gehaltlich flexibel sein – das müssen übrigens auch alle anderen Gruppen auf dem Arbeitsmarkt.

Und wie geht man mit jüngeren Gesprächspartnern um? Wie nimmt man da die Angst? Die beste Strategie wird es sein, zuzuhören und zu verstehen geben, dass man noch nicht alles gesehen, alles bereits erlebt und gemacht hat und vor allem, dass man sicher noch etwas lernen kann (und möchte).

Wie man es auch dreht und wendet – leicht ist es nicht, aber die Chancen stehen auch nicht so schlecht, wie manche meinen. 2013 ist es Arthur Hunt gelungen einen 63-jährigen Kandidaten zu vermitteln – einen Verkaufsprofi, der sich rechtzeitig auf ein bestimmtes Marktsegment spezialisiert hat.

G

G wie Gehalt

Wer hat nicht ein wenig Panik vor der heiklen Frage „Und was haben Sie sich gehaltlich vorgestellt?" oder ein flaues Gefühl in der Magengrube vor Gehaltsverhandlungen? Wie immer bei komplexen Fragestellungen kann es keine universell richtige Antwort geben. Daher hier einige Gedanken dazu.

Der Jungakademiker: Seit etwa 20 Jahren sinken die Gehälter für Jungakademiker in Wien. Hat anno 1986 der frisch diplomierte Absolvent noch 25.000 Schilling brutto x 14 verdient, bekommt er heute oft 25.000 Euro brutto per anno. Von Rundungsdifferenzen abgesehen ist der Betrag ziemlich ähnlich. Die Kaufkraft ist allerdings nicht wirklich vergleichbar. Das Problem der Jungakademiker ist das Verhältnis von Angebot und Nachfrage. Die Zahl der Jobs, die Akademiker für „würdig" erachten, ist tendenziell gesunken. Die Zahl der Absolventen jedoch gestiegen. Der Druck aus Osteuropa trägt das Seinige dazu bei.

Mütter, die nach einer Kinderkarenz den Wiedereinstieg schaffen wollen, haben es auf dem Arbeitsmarkt nicht leicht. Man sollte es nicht für möglich halten, aber auch im Österreich des 21. Jahrhunderts verdienen Frauen im Schnitt zwischen 20 und 25 Prozent weniger als vergleichbare männliche Dienstnehmer. Frauen, die erklären müssen, dass sie in den letzten Jahren nichts verlernt haben und Mütter oder Schwiegermütter einspringen, wenn das Kind erkrankt, verdienen noch weniger. Traurig, aber wahr . . .

Daher mein Tipp: gehen Sie von Untergrenzen aus, um den Wiedereinstieg zu schaffen. Machen Sie ein Angebot, welches der Entscheidungsträger nicht ablehnen kann. Manche mögen jetzt sagen, dass meine Argumentation und mein Tipp frauenfeindlich wären – ganz im Gegenteil! Ich bin ein großer „Freund der Frauen", aber man muss kleine Schritte machen, sonst ändert sich nie etwas. Nur so schafft man den professionellen Wiedereinstieg und kann seine Fähigkeiten unter Beweis stellen – so erreichen Sie die gewünschte (Gehalts-)Entwicklung. Und es soll sich etwas ändern! Das wünsche ich mir auch für meine Tochter.

G wie die „Glorreichen 7"

Die glorreichen Sieben *(The Magnificent Seven)* ist ein Remake des Films *Die sieben Samurai* von Akira Kurosawa. Der Western aus dem Jahre 1960 entstand unter der Regie von John Sturges und zeigt wie sieben Helden ein mexikanisches Dorf vor der Willkür der Banditen retten. So weit, so gut, aber was haben die „Glorreichen 7" mit dem ABC der Karriere zu tun?

Eigentlich nichts. Es sei denn, man geht von folgender Geschichte aus:

Sie sind frustriert. Ihr Job macht Ihnen wenig Spaß. Sie blicken um sich, finden aber keine Alternativen. Da kann – richtig erraten – unter Umständen der Personalberater helfen. Er kennt den Markt, kennt den Bedarf und nach einem Gespräch mit Ihnen kennt er auch Sie, Ihre Qualifikationen und Wünsche. Nun, vielleicht passt der eine oder andere Auftrag, den der Berater gerade bearbeitet, zu Ihnen.

In diesem Buch wurde schon mehrmals darauf hingewiesen, dass Sie, sofern Sie gerade auf der Suche nach einer neuen Herausforderung sind, sehr wohl einen Personalberater kontaktieren sollten. Stellt sich nun die Frage welchen?

Ich bin selbst Personalberater, kann aber Freunden, guten Bekannten und Kandidaten nicht immer ein interessantes Angebot unterbreiten. Erstens haben wir keine Hunderttausend Kunden und zweitens ist es nicht gesagt, dass gerade bei meinen Kunden eine Vakanz vorhanden ist, die zu meinen Freunden passt. Also empfehle ich ein Unternehmen, welches sowohl zu dem Profil meines Freundes passt, als auch durch jahrelang gleichbleibend hohe Beraterqualität überzeugt.

Ich habe für meine Freunde stets eine kleine Liste parat mit sechs Namen – mit meinem eigenen Unternehmen ergeben sich die „Glorreichen 7". Ich bitte um Verständnis, dass das eine oder andere Unternehmen, welches ebenfalls exzellent arbeitet, hier nicht aufscheint, aber ich wollte mich bewusst auf sieben Namen konzentrieren, zumal ich der Meinung bin, dass der Jobsuchende ohnedies nicht mehr Zeit für eine sinnvolle Kontaktpflege aufwenden kann. Meine sieben Tipps sind:

Heidrick & Struggles, www.heidrick.com

Korn/Ferry, www.kornferry.com

Spencer Stuart, www.spencerstuart.com

Arthur Hunt, www.arthur-hunt.com

Consent, www.consent.at

Eblinger, www.eblinger.at

Jenewein, www.jenewein.at

Ein Blick auf die Homepage verrät einiges über die Aktivitäten, das Netzwerk und Philosophie des Beraters. Sie sehen, die Auswahl enthält zu Beginn drei Topunternehmen mit internationalem Background. Hier werden Sie viele international angesiedelte Positionen finden und natürlich sind diese Unternehmen gute Ansprechpartner für Führungspositionen im In- und Ausland. Diese drei zählen zu den weltweit führenden Executive-Search-Unternehmen (siehe dazu auch „E wie Executive Search").

Die drei Letztgenannten sind, meiner Meinung nach, sehr gut aufgestellt, wenn es um Führungspositionen der ersten und zweiten Ebene in Österreich geht, aber auch für anspruchsvolle Spezialistenpositionen.

Auf Arthur Hunt möchte ich hier nicht näher eingehen, zumal es immer schwer ist, über sein „eigenes Kind" Objektives zu sagen.

H

H wie Handlungskompetenz

Personalchefs stehen zunehmend vor dem Problem, aus einer Vielzahl an Bewerbern mit zunehmend ähnlicher Qualifikation, die passenden Bewerber herauszufinden. Gute Noten und formale Qualifikationen allein sind da kein Garant mehr für die große Karriere. Wodurch sollten sich auch zehn Absolventen einer bestimmten Fachhochschule von einander unterscheiden? Das Zauberwort heißt „Handlungskompetenz", denn Handlungskompetenz ist in der heutigen, schnelllebigen Arbeitswelt mehr als gefragt.

Handlungskompetenz ist die Summe aus Sozialkompetenz, Fachkompetenz und Methodenkompetenz. Unter den Begriff der sozialen Kompetenz fallen im Speziellen Teamfähigkeit, Feinfühligkeit gegenüber Kollegen, Mitarbeitern und Partnern, Konfliktlösungs- oder auch Kommunikationsfähigkeit. Allen sollte dieselbe Anerkennung, Hochachtung und Freundlichkeit entgegengebracht werden. Fachliche Kompetenz ist ohnedies klar und Methodenkompetenz ist die Fähigkeit zur Anwendung bestimmter Lern- und Arbeitsmethoden, insbesondere zur selbstständigen Erschließung unterschiedlicher Lernbereiche.

Handlungskompetenz ist noch nicht in aller Munde wie soziale Kompetenz.
Auf die Frage „Warum sollten wir gerade Sie für die Position XY auswählen?",
empfehle ich wie folgt zu antworten:
„Weil ich über eine hohe Handlungskompetenz verfüge."
Ich schätze, dass einige Ihrer Gesprächspartner den Ausdruck gar nicht
kennen oder bestenfalls am Rande gehört haben. Führen Sie das dann aus
und geben Sie relevante Beispiele für Ihre Sozialkompetenz und
Methodenkompetenz, Ihre Fachkompetenz sollte sowohl aus Ihrem
Lebenslauf, als auch aus Ihren Ausführungen ohnedies klar erkennbar sein.
Ich denke, dass Sie damit sehr gut punkten können.

H wie Heuchler

Es ist total wichtig, dass bei jedem Inserat neben dem Interessenten auch die Interessentin angesprochen wird und neben dem Produktmanager selbstverständlich auch die Produktmanagerin, denn schließlich dürfen Frauen nicht benachteiligt werden. Natürlich ist der Zusatz, dass der Suchende Damen und Herren bis 45 Jahren anspricht, unzulässig. Wo kämen wir denn da hin, wenn Menschen im fast biblischen Alter von 47 Jahren vom Recruiting-Prozess ausgeschlossen werden?

Auch ganz wichtig ist, dass im Inserat die Höhe der Dotierung angegeben ist – denn schließlich muss der gesamte Vorgang transparent sein. Ich glaube, dass es sehr wichtig ist, auf all diese Dinge zu achten. Wenn das alles Beachtung gefunden hat, muss nur noch sichergestellt werden, dass stark übergewichtige Jobsuchende nicht diskriminiert werden. Der Autor dieses Buches ist seit 1986 in der Personalberatung und muss feststellen, dass all diese Verbesserungen nichts gebracht haben – außer der Zunahme der Heuchelei und Schwindelei. 1986 hat der Recruiter eines Unternehmens wie auch der externe Personalberater zum Kandidaten sagen dürfen „Liebe gnädige Frau, Sie sind zwar sehr gut qualifiziert, aber der Teamleiter stellt sich für diese Position einen Mann vor" oder „Natürlich sind Sie für die Position ausreichend qualifiziert, aber der Bereichsleiter möchte niemanden einstellen, der älter ist als er". Diese Aussagen waren zwar nicht erfreulich, aber der Kandidat (und natürlich auch die Kandidatin) wusste, woran er (sie) ist, und stellte fest, dass daran nichts zu ändern ist. Geschlecht und Alter kann man eben nur schwer ändern. Heute bekommt die gleiche Person die Antwort: „Na ja im Prinzip wären Sie ja gut geeignet, aber leider können Sie nicht gut genug Italienisch" – worauf sich der so Angesprochene fragt: „Warum Italienisch, das kam doch in der Ausschreibung gar nicht vor?" Und ist es nicht Italienisch, ist es eben etwas anderes, es findet sich immer etwas. Es muss nur unverfänglich und möglichst unverbindlich sein.

Meiner bescheidenen Meinung nach, sind die derzeitigen Regelungen nicht zum Nutzen der Jobsuchenden, sondern im Gegenteil, die Unsicherheit steigt.

TIPP

Es lohnt sich bei jeder Absage nachzufragen. Zwischen den Zeilen kann man dann sehr oft herauslesen, was dem tatsächlichen Grund nahe kommen könnte. Darum lohnt es sich, bei einem Telefonat gleich zu Beginn des Gespräches klar zu sagen, dass man die Absage zur Kenntnis nimmt und akzeptiert, aber gerne einen Rat oder Hinweis hätte, was das nächste Mal besser gemacht werden könnte. Bekommt man mehrmals zu hören, dass BMD – und zwar die Version NTCS – vorausgesetzt wird, dann wird es wohl stimmen und ein diesbezüglicher Kurs wäre anzuraten. Von zehn Mal nachgefragt bekommt man wahrscheinlich vier ehrliche Hinweise – auch nicht optimal, aber besser als null von zehn!

H wie Hobbies

Hobbies zieren jeden Lebenslauf, machen ihn noch interessanter, noch persönlicher. Aber warum soll man sie im Lebenslauf anführen? Warum Berufliches mit Privatem vermischen?

Es sind drei Punkte, die Hobbies im Lebenslauf so interessant machen. Erstens, sagen sie etwas über die Persönlichkeit aus – jemand, der Schwimmen, Skifahren,

Volleyball angibt, ist wahrscheinlich sportlich. Jemand, der Volleyball, mit Freunden treffen, Gruppenreisen anführt, ist wahrscheinlich ein Teamplayer. Jemand mit einer Vorliebe für Oper, Theater oder Malerei ist wahrscheinlich kunstinteressiert. Soweit alles klar – aber genau da liegt das größte Problem. Nicht alle sind sportlich und nicht alle lieben die Oper oder reisen gerne. Und genau hier beginnt der Kampf mit der Wahrheit. Kann man es sich leisten zu sagen „no sports" oder „Mozart interessiert mich genauso wenig wie Wagner" und „Reisen ja, aber nur dorthin, wo es Schnitzel gibt"? Die Antwort ist ja.

Man muss nichts vorgeben oder erfinden, um im Trend zu liegen. Lügen haben kurze Beine und wer will schon beim Lügen erwischt werden?

Der zweite Punkt, warum Hobbies im Lebenslauf angeführt werden sollten, ist, weil es die Möglichkeit gibt, eine „Message" unauffällig zu platzieren. Hobbies wie

Der Columbo-Trick

Nicht selten hat der Personalberater ein flaues Gefühl im Magen – er kann sich kein Bild über den Kandidaten machen. Irgendetwas ist nicht stimmig. Neigt der Kandidat zum Übertreiben oder nicht? Sagt er zu allem Ja und Amen, oder identifiziert er sich wirklich mit der Philosophie des Unternehmens?

Im Jahr 2005 ist mir Folgendes passiert:

Ich hatte einen solchen Kandidaten mir gegenüber sitzen. Es war mir nicht klar, was er für ein Typ Mensch ist. Als Hobbies hat er mir Tennis, Oper und Lesen genannt. Tennis hat mich nicht wirklich gewundert, da in diesem Jahr wohl acht Millionen Österreicher Tennis gespielt haben – es war absolut modern.

Lesen gehört sich einfach. Aber Oper? Ich dachte, das passt nicht wirklich zu ihm, oder?

Wir haben das Gespräch beendet und ich ging mit meinem Gesprächspartner zur Tür. Gedankenlos sagte ich „Ich freue mich über das kommende Mozartjahr – ich hoffe, endlich wieder Fidelio sehen zu können. Fidelio ist für mich eine der elegantesten aller Mozart-Opern." Der Kandidat meinte, es sei auch seine Lieblingsoper von Mozart. Egal, wie man nun die Motive des Kandidaten interpretiert – ein gutes Licht wirft es nicht auf ihn.

Natürlich muss nicht jeder wissen, dass Fidelio nicht von Mozart, sondern Beethoven ist, aber wer sagt, dass er sich für Opern interessiert und diese zu seinen Hobbys zählt, der muss es wissen.

Es wäre genauso, wenn jemand zustimmen würde, dass Franz Klammer zu den besten Mittelstürmern zählt, den Rapid Wien je hatte. Es wäre hier besser nicht zu „schummeln" und einfach zu sagen, dass man sich in Sachen Fußball nicht auskennt.

SELBST ERLEBT

„viel Spiel und Spaß mit meinen Kindern" sagt nichts anderes aus als, „meine Familie ist mir wichtig". Zu lange oder zu häufige Dienstreisen sind auf Dauer ein Problem. Hobbies wie „Chorsingen" lassen darauf schließen, dass mindestens ein Abend pro Woche dem Chor gehört.

Der dritte Punkt ist ein besonders sympathischer. Nicht selten nehmen Personalleiter dem aufgeregten Kandidaten die Nervosität, in dem sie das Interview mit den Hobbies beginnen. Da fühlt sich der Kandidat sicher, da kennt er sich aus – das gibt Gelegenheit, den Puls wieder auf ein normales Maß herabzusetzen.

H wie Homepage

H wie Homepage – dieser Abschnitt ist besonders wichtig und verdient viel Beachtung. Gemeint ist nämlich das ernsthafte Studium der Homepage jenes Unternehmens, für das man gerne arbeiten möchte. Als Personalberater sagen wir jedem Kandidaten, dass er sich die Homepage des Unternehmens noch einmal genau ansehen soll und gemeint ist tatsächlich genau. Es ist heute selbstverständlich einen Blick darauf zu werfen, aber das ist keineswegs genug. Der Kunde – unser Kunde – möchte, dass der künftige Mitarbeiter seine Unternehmenshomepage intensiv studiert und sich mit den Dienstleistungen und Produkten des Unternehmens vertraut macht.

Der HR-Verantwortliche wünscht sich darüber hinaus, dass der künftige Mitarbeiter sich Punkte wie „Unsere Philosophie", „Unsere Werte" genau durchliest. Was für einen Dritten oft wie eine banale Selbstverständlichkeit klingt, ist für das rekrutierende Unternehmen äußerst wichtig. Oft wurden im Rahmen von mehrstündigen Arbeitssitzungen oder Workshops jedes einzelne Wort mühsam gefunden und es wurde um jede Redewendung stundenlang gerungen. Da ist es für den Recruiter wie eine schallende Ohrfeige, wenn der Kandidat diese Punkte der Homepage nicht gelesen oder nur flüchtig überflogen hat. Es ist oft viel wichtiger, diese Teile der Firmenpräsentation zitieren zu können, als den genauen Umsatz pro Verkaufsbereich zu wissen. Das hängt auch oft damit zusammen, dass der HR-Verantwortliche direkt in die Erstellung, Formulierung und das Wording der Homepage involviert war, aber nur sehr indirekt am Verkaufserfolg beteiligt ist.

Ein gutes Unternehmen hat in der Regel ein hohes Selbstwertgefühl. Dieses wird über die Homepage ausgedrückt und vermittelt. Viele Unternehmen sind besonders stolz auf das Erreichte und auf die Firmenphilosophie. Daher möchte ich nochmals unterstreichen wie wichtig es ist, diese Punkte aufmerksam zu lesen.

Im Rahmen der Bewerbungsgespräche ist es entscheidend auch das Unterbewusstsein des Gesprächspartners anzusprechen. Daher benützen Sie, zumindestens teilweise, das Wording der Homepage, wenn es um die Frage geht, was wissen Sie über unser Unternehmen.

TIPP

Vor einiger Zeit kam ein Münchner Kunde zu uns nach Wien, um Kandidaten zu interviewen. Das Unternehmen ist weltweit die Nummer eins im Bereich Videoüberwachung und dementsprechend stolz auf die letzten 20 Jahre und auf seine enorme Innovationskraft. Wie gesagt, die Dame und der Herr kamen extra aus München angereist, um sechs Kandidaten zu sehen. Da es sich um eine Schlüsselposition handelte, waren die sechs Kandidaten im besten Manageralter und bis dato sehr erfolgreiche Vertriebsleute. Die Unterlagen waren tiptop vorbereitet und ich war bester Laune. Die Kandidaten hatte ich schon einmal persönlich gesehen, die Researchabteilung hatte die Referenzen geprüft, alles war bestens, es konnte losgehen.

Zu Beginn der Gespräche – ich war stets anwesend – war ich ca. 176 cm, am Ende maximal 76 cm groß. Wie konnte ich so rasant einen Meter verlieren? Ganz einfach, indem ich Stück für Stück sehr kontinuierlich in den Boden versunken bin. Vier dieser sechs Gespräche haben sehr gut begonnen, bis zu dem Moment als mein Kunde die Frage stellte, was sagen Sie zu unserer Marktsegmentierung bzw. was sagen Sie zu unserer Marktstrategie und -philosophie. Vier von sechs Kandidaten übten sich in Schweigen oder sagten Unfug bzw. Allgemeinplätze. Ich muss ganz ehrlich sagen, das ist mir auch noch nie passiert. Es kann schon vorkommen, dass ein Kandidat sich die Homepage gar nicht oder nur oberflächlich durchliest, aber vier von sechs? Vier sehr erfolgreiche Vertriebsleute? Vier selbstbewusste Herrn gaben sich eine Blöße, dass sie wie Berufseinsteiger wirkten, eigentlich unglaublich. In der Sendung mit der Maus heißt es, klingt lustig, ist aber wahr. Hier könnte ich abwandeln und sagen, klingt unglaublich und amateurhaft, ist aber wahr. Natürlich habe ich eine Vermutung, wie so etwas passieren kann. Einerseits ist es ein permanenter Zeitmangel und Stress, der Kandidaten dazu verleitet, sich in allerletzter Minute vorzubereiten, andererseits eine Portion Selbstüberschätzung, so nach dem Motto, da werde ich schon eine Antwort finden, schließlich bin ich ja nicht auf den Mund gefallen.

Was sind die Konsequenzen so einer Geschichte? Der Berater muss um seinen Kunden fürchten und hoffen, dass die Vertrauensbasis stark genug ist und dass die Erfolge der Vergangenheit doch noch ein wenig zählen. Der Kunde stellt sich natürlich die Frage, ob er den richtigen externen Partner hat.

Und der Kandidat? Er sollte zur Erkenntnis gelangt sein, dass eine oberflächliche Vorbereitung auf ein Bewerbungsgespräch genau gar nichts bringt und dass er so auf keinen Fall den nächsten Karriereschritt setzen kann. Es sollte ihm auch klar sein, dass der Personalberater, den er auf so eine Art und Weise blamiert hat, ihn höchstwahrscheinlich nicht mehr ansprechen wird.

SELBST ERLEBT

___ I ___

I wie Ich

Nehmen Sie an, Sie sind jemand, der bedingungslos an Ratgeber glaubt und auf darin beschriebene Rezepte schwört. Sie sind – nehmen wir dies weiter an – eher introvertiert und völlig unbegabt für Fremdsprachen. Nun steht in dem Ratgeber, den Sie gerade verschlingen: „Machen Sie ein Praktikum in New York – am besten (obwohl man laut Hollywood als Tellerwäscher am schnellsten Karriere macht) als Versicherungsverkäufer!" Ich schätze, Sie würden jämmerlich verhungern, während Ihr bester Freund genau dasselbe macht und nach seiner Rückkehr nach Wien eine Traumkarriere bei einer Versicherung startet und das noch dazu mit der gleichen Ausbildung wie Sie.

Irgendetwas stimmt doch da nicht – oder?

Mit den Ratgebern ist das so eine Sache – sie wenden sich an eine große Anzahl von Lesern und berücksichtigen daher nicht (können sie auch gar nicht) die Persönlichkeit, die Stärken und Schwächen jedes Einzelnen. Mein Rat an Sie: Analysieren Sie sich selbst. Ganz allein. Ganz ungestört von der Außenwelt. Ganz unbeeindruckt von der zurzeit geltenden Werteskala. Haben Sie sich selbst analysiert, dann – und erst dann – fragen Sie andere um Ihre Meinung von Ihnen. Sie finden im Anhang einen kleinen Fragebogen – zeichnen Sie Ihre Kurve ein und dann geben Sie diese Bögen zehn Ihrer besten Freunde. Nicht Mama und Papa, denn für die sind Sie ohnedies ein Star, sondern eher guten Freunden. Dann vergleichen Sie die Bögen miteinander. Das ist überhaupt nicht wissenschaftlich (nein – ganz und gar nicht), regt Sie aber zum Nachdenken an, falls die Ergebnisse so überhaupt nicht übereinstimmen. Denn wenn Sie sagen „Ja, ich bin kontaktfreudig" und vier von zehn Freunden sehen das anders, dann lohnt es sich zumindest darüber nachzudenken.

Sind all diese Prozesse abgeschlossen und Sie wissen genau, wer Sie sind und

TIPP

Bei der Auswahl der Ausbildung zählt nicht, was der Markt heute benötigt oder was als topqualifiziert gilt, sondern ausschließlich – und nur das – was zu Ihnen passt. Sie sind wichtig – Ihre Stärken und Begabungen. Geben Sie dem ICH Vorrang. ICH im Sinne von ICH KANN, ICH WILL und ICH MÖCHTE. Nur so werden Sie Erfolg haben und Karriere machen. Wie sagt die berühmte Maus: „Klingt komisch, ist aber so."

was Sie am besten können, dann ist es Zeit, sich einen geeigneten Job zu suchen. Sollte gerade der Marketing-Profi modern sein, Ihre Stärken aber in der Mathematik liegen und Sie eher introvertiert als extrovertiert sein, dann studieren Sie eben nicht an der WU, um im Fast-Moving-Consumer-Goods-Bereich Karriere zu machen, sondern an der TU Versicherungsmathematik. Ich schätze, das wäre eine Topwahl.

I wie „Es macht sich bezahlt"-Investment

Oft hört man den Begriff Investment in Zusammenhang mit Karriere. Irgendetwas wäre ein gutes Investment für die Karriere.

Aus der Sicht des Personalberaters gibt es zahlreiche sogenannte gute Investments für eine erfolgreiche Karriere.

Einige will ich hier kurz auflisten:
> ein Auslandssemester im Rahmen des Studiums,
> das (oft mühsame) Erlernen einer zusätzlichen Fremdsprache (siehe C wie Chinesisch),
> eine Zusatz- oder vertiefende Ausbildung,
> ein zumindest zweijähriger Auslandsaufenthalt als Nachwuchsführungskraft,
> ein Traineeprogramm, das den Bogen von Rechnungswesen bis hin zum Vertrieb spannt.

Wie gesagt, es gibt zahlreiche Investments, die später Früchte tragen. Das Gute daran (im Gegensatz zu so manchen Finanzinvestments der letzten Monate), hier gewinnt der Investor auf alle Fälle.

Investments sind dadurch gekennzeichnet, dass zumindest Einzahlungen getätigt werden müssen, um später bedeutendere Auszahlungen zu erhalten. Beim Investment in die Karriere ist es auch so. Sie zahlen zunächst einmal ein – oft Geld, aber immer Zeit. Genau um diese Zeit geht es aber. Abendkurse kosten zum Beispiel Zeit, es sind jene Stunden, die Sie auch mit Ihrer Familie oder Ihren Freunden verbringen könnten. Jene Zeit, in der Sie „büffeln", könnten Sie vielleicht Tennis, Golf oder Snooker spielen.

Aber seien Sie versichert, es zahlt sich aus! Es ist eben ein Investment.

Wichtig ist J wie Jobbörsen

Der regelmäßige Blick in Jobbörsen ist immens wichtig – auch wenn man sich derzeit nicht verändern möchte. Einfach um zu wissen, was sich in der Branche so tut. Zu wissen, ob man selbst gerade gefragt ist oder eben nicht, ist gut für das Selbstwertgefühl, aber auch um zu erkennen, wie viel Zukunft die eigene Branche oder Berufsgruppe hat. Sich selbst einzutragen, ist natürlich eine Möglichkeit, um ohne jetzt einen großen Aufwand zu betreiben auf dem Arbeitsmarkt präsent zu sein. Wichtig dabei ist, dass Sie beim Selbsteintrag auch jene Schlüsselwörter verwenden, aufgrund derer Sie gefunden werden wollen.

Aber wie gesagt: auch wenn Sie gerade nicht aktiv suchen, eine gute Marktübersicht zu haben, ist ein Vorteil und gibt Ihnen die Möglichkeit, schneller zu reagieren, wenn Sie dann konkret auf der Suche sind.

Bei unseren Vorträgen arbeiten wir sehr oft mit plastischen Vergleichen. Zum Beispiel beschreiben wir einen in die Jahre gekommenen König mit prunkvollem Ornat, toller Krone und mit zahlreichen Edelsteinen verziertem Zepter. Ihm gegenüber der Personalberater, der ganz verschämt und zögerlich sagt: „Majestät, ich bedaure es unendlich, Ihrer Majestät mitteilen zu müssen, dass die Nachfrage nach Personen Ihres Standes in den letzten Jahren stark nachgelassen hat!" Hätte die Majestät in der letzten Zeit des Öfteren in eine Jobplattform gesehen, hätte sie erkannt, dass es keine Inserate mehr gibt mit der Headline „König gesucht". Natürlich ist das jetzt ein wenig überspitzt, aber Sie können aus der Inseratenmenge schon erkennen, wie begehrt Sie auf dem Arbeitsmarkt sind und welchen Spielraum Sie bei Verhandlungen mit Ihrer derzeitigen Firma haben.

Werfen Sie auch einen Blick auf ausländische Jobbörsen.
Zum Beispiel finden Sie auf www.jobpilot.de ebenso interessante
Stellenangebote für Österreich.

J wie Job-Hopper

Was ist ein Job-Hopper? Ist es gut oder schlecht ein solcher zu sein? Vier Jobs in sechs Jahren sind in den USA eine gute Sache. Man hat schon viel gesehen und viel gelernt – also durchaus üblich und wird auch akzeptiert.

Österreich ist da ein wenig anders. Hier schätzt man Kontinuität. Schließlich kosten Mitarbeiter Geld – speziell die Suche, Einschulung und erste Schritte im Unternehmen sind nicht ganz billig. Daher empfiehlt es sich, mindestens zwei bis drei Jahre im Unternehmen zu bleiben. Das ist jene Mindestzeit, die man benötigt, um Erfolge plausibel darstellen zu können. In drei Jahren hat man in der Regel die Gelegenheit gehabt, Verantwortung nicht nur zu übernehmen, sondern auch zu tragen. Man kann Erfolge vorweisen, und das ist die Voraussetzung für den nächsten Job, der natürlich neben noch mehr Verantwortung ein Mehr an Gehalt bringen soll.

Aber wie sieht es aus, wenn jemand 14 Jahre in ein und demselben Unternehmen tätig ist? Das sieht in der Regel gar nicht gut aus. Man wird dann als typischer XY-Mitarbeiter abgestempelt, der sich wahrscheinlich auf kein neues Produkt, keine neuen Dienstleistungen oder Unternehmenskulturen einstellen kann. 14 Jahre Firmenzugehörigkeit sind nur dann gut, wenn man (auch für jeden Außenstehenden sichtbar) Karriere gemacht hat und regelmäßig neue Aufgaben übernehmen konnte. 14 Jahre Vertriebsleiter Ostösterreich sind in der Regel kein gutes Sprungbrett für einen Karriereschritt.

K wie Karriere

Was ist eigentlich Karriere? Die persönliche Berufslaufbahn eines Menschen nennt man Karriere. Das Wort kommt aus dem französischen und geht auf das lateinische „Carrus" (Wagen) zurück. Es bedeutet dem Wortsinn nach Fahrstraße.

Wie bei jeder Straße stellt sich die Frage: „Wo führt sie hin?"

Wo soll die Karriere hinführen?

Wir unterscheiden heute zwischen Managementkarriere (dem Aufstieg in der Unternehmenshierarchie) und der Fachkarriere (klassische Expertenkarriere). Beides ist erstrebenswert.

Tragisch wird es, wenn jemand Fachkarriere macht, sich exzellent entwickelt und plötzlich einen Sprung in der Linie macht und Abteilungsleiter wird. Oft fehlen dann die notwendigen „Soft Skills" wie Führungsqualität, Entscheidungsstärke und so weiter.

Allgemein verleiht die Managementkarriere mehr Image und Prestige als die Fachkarriere und daher streben (so zeigt es sich in Bewerbungsgesprächen) mehr Menschen nach einer Managementkarriere. Aus der Sicht des Personalberaters ein schwerer Fehler. Fachlich top zu sein, ein Experte zu sein, macht Sie für ein Unternehmen unentbehrlich. Eine Führungskraft, die mit ihrer Führungsaufgabe überfordert ist, muss sich bald um eine neue Wirkungsstätte umsehen.

Daher lohnt es sich, eine gründliche Selbstanalyse zu machen. Siehe „I wie Ich".

Achtung vor K wie Killerfragen

Im Laufe beziehungsweise gegen Ende des Bewerbungsgespräches kommt der Zeitpunkt, an dem der Personalchef oder zukünftige Vorgesetzte sich meist ein wenig zurücklehnt und die Frage stellt: „Haben Sie noch eine Frage?". Dann ist der Moment gekommen, an dem Sie entweder noch stark punkten oder auch alles kaputt machen können. B wie Bewerbungsgespräch enthält dazu viele nützliche Tipps. Da diese Phase der Bewerbung aber so wichtig und oftmals vorentscheidend ist, wird hier nochmals explizit eine Liste von „Dont's" aufgezeigt.

Folgende Fragen sind als erste Fragen zu vermeiden:
> … und wie sind jetzt die Arbeitszeiten?
> … werden Überstunden ausbezahlt oder gibt es einen Zeitausgleich?
> … und wie sieht der nächste Karrieresprung aus?
> … welche Fringe Benefits gibt es neben dem Gehalt?

Damit keine Missverständnisse entstehen: Diese Fragen darf man natürlich schon stellen, denn schließlich ist es wichtig zu wissen, ob Überstunden ausbezahlt werden oder nicht. Aber bitte stellen Sie diese Frage nicht gleich bei der ersten Gelegenheit oder gar als einzige.

Ich hatte ein Gespräch mit einer jungen WU-Absolventin, die nach ihrem Studium in das Berufsleben einsteigen wollte. Das Gespräch lief ganz nach dem üblichen Schema ab. Wir gingen ihren Lebenslauf durch, ich stellte ihr die Position – Assistentin der Geschäftsführung – vor und stellte ihr höflicherweise die Frage, ob sie die Position interessiere und sie irgendwelche Fragen dazu habe. Die junge Dame lehnte sich zurück, grübelte ein wenig und sagte dann: „Nein, eigentlich ist mir alles klar", richtete sich auf und sagte dann: „Eine Frage hätte ich doch noch. Stimmt es eigentlich, dass man im Probemonat ohne Angabe von Gründen kündigen kann?" Wie sagt man in Wien so schön: „Na Bum." Für mich eine verlorene Stunde. Hätte ich die junge Dame vorgestellt, so hätte sie zum Beispiel nicht gewusst, warum die Position neu besetzt wird. Sie hätte auch nicht gewusst, dass sie zum Einstieg zwei Wochen im Headquarter in Frankreich verbringen hätte sollen und einiges mehr wäre ihr verborgen geblieben. Dafür weiß sie aber jetzt, dass man „im Probemonat ohne Angabe von Gründen täglich kündigen kann".
Durch intelligente und professionelle Fragen können Sie Ihre Ausgangsposition deutlich verbessern. Die Frage an den Kandidaten: „Haben Sie noch eine Frage?", ist eine Art versteckter Test – bitte stecken Sie Zeit und Überlegung in die Vorbereitung.

SELBST ERLEBT

K wie Kinder

Frauen werden im Berufsleben oft benachteiligt – wegen der Kinder. Entweder sind es die schon vorhandenen oder eben die zukünftigen. Kinder ja, aber Mitarbeiterinnen sollten keine haben und sich auch keine wünschen – das scheint die landläufige Meinung von Recruitern zu sein.

Im Bewerbungsgespräch kommt daher oft die Frage – mehr oder weniger direkt, mehr oder minder intelligent – „Wie sieht Ihre Familienplanung aus? Was machen Sie mit Ihren Kindern, wenn sie krank sind? Müssen Sie zu Hause sein, wenn die Kinder von der Schule kommen?".

Dann heißt es sich auf diese Art von Fragen vorzubereiten. Wie gesagt, mit hoher Wahrscheinlichkeit werden die Kinder zum Thema gemacht.

TIPP

Kommt die Frage, ob Sie sich Kinder wünschen, empfiehlt es sich dringend gelassen und ruhig zu bleiben. Regen Sie sich nicht auf. Haben Sie noch keine Kinder, wünschen sich aber welche, dann sagen Sie klar und deutlich: „Ja, wir denken an Kinder und wünschen uns welche – in drei bis vier Jahren."

Es ist zwar eine Schande, aber Personalisten, die eine derartige Frage zu stellen für notwendig erachten, denken ohnedies nicht strategisch oder langfristig. Die Position muss jetzt besetzt werden. Drei bis vier Jahre ist weit weg. Wer weiß, was dann sein wird.
Wichtig erscheint mir, dass Sie das Gespräch nicht kaputt machen, indem Sie die Fragen nicht beantworten oder gereizt reagieren.

Haben Sie bereits ein Kind, kommt es natürlich auf das Alter an, ob es als „Problemkind" gesehen wird oder nicht. Auf alle Fälle sollten Sie zeigen, dass Sie sich schon mit den Fragen beschäftigt haben. Bringen Sie ganz natürlich und ohne den Sprachrhythmus zu wechseln Ihren Mann, Ihre Eltern oder Schwiegereltern ins Spiel.
Aber wie gesagt: Bitte nicht aufregen!

K wie Körpersprache

Oft sind Texte, Vorträge und Gespräche gut vorbereitet. Nachdem das Bewerbungsgespräch in der Regel ein sehr wichtiges Gespräch ist, wird auch da jede mögliche Frage und Antwort im Vorfeld überlegt. Und dann passiert es doch. Sie verraten sich! Die nonverbale Kommunikation wird Ihnen zum Verhängnis. Darum achten Sie bereits im Vorfeld darauf, ob Sie solch „eigenartige" Bewegungen öfter machen, und im Bewerbungsgespräch achten Sie darauf, ob Ihr Gegenüber Bewegungen dieser Art macht.

Einige Körperhaltungen und -bewegungen und deren Übersetzung:

> Keinen Blickkontakt – verlegen, unsicher
> Augenbrauen heben – interessiert
> oder ungläubig oder arrogant
> sich an die Nase greifen – verlegen
> sich die Nase reiben – nachdenklich
> Oberlippe hochziehen – verachtet Sie
> Brille hastig abnehmen – nervös,
> nicht einverstanden mit Ihnen
> Finger ins Gesicht legen – verlegen, unsicher
> Kinn streicheln – zufrieden oder nachdenklich
> mit dem Finger auf Sie zeigen – aggressiv, dominant
> Hände reiben – selbstgefällig
> Hände ineinander legen – erwartungsvoll . . .
> Spitzdach mit Händen bilden –
> arrogant und abwehrend (bei Einwänden)
> mit dem Kugelschreiber spielen –
> nervös, ängstlich, Halt suchend
> mit den Fingern trommeln –
> will zur Sache kommen, steht unter Zeitdruck
> als Mann die Arme verschränken – verschlossen
> als Frau die Arme verschränken –
> ängstlich und Schutz suchend
> Oberkörper vorlehnen –
> interessiert, will Sie unterbrechen
> Oberkörper zurücklehnen – distanziert, lehnt Sie ab
> Füße um die Sesselbeine legen – unsicher und Halt suchend
> Füße nach hinten ziehen – lehnt Sie ab

Lassen Sie einmal ein ganz normales Gespräch, welches Sie mit Freunden haben, einfach mitfilmen. Das sind erste Aufschlüsse! Ein Bewerbungstraining mit Videoaufzeichnung zahlt sich in den meisten Fällen aus!

Ein weiterer Tipp:

Wenn Sie die innere Ruhe und Gelassenheit aufbringen, setzen Sie die Körpersprache ganz bewusst ein. Zum Beispiel, sobald der Personalist die genaue Positionsbeschreibung mit Ihnen durchgeht, bewegen Sie sich leicht nach vorne und signalisieren Sie somit besonderes Interesse (siehe Fotos B wie Bewerbungsgespräch).

K wie krank aus Angst um den Job

Die Sorge um den Arbeitsplatz belastet den Körper mehr, als der Stress im Job. Depressionen und Angstzustände sind die Folge.

Das ist allerdings nichts Neues. Seit dem Jahresende 2008 herrscht mehr oder weniger Wirtschaftskrise. Kündigungen, Kurzarbeit, höhere Arbeitslosenzahlen, flaue Konjunktur, Euro-Krise, über 50 Prozent Jugendarbeitslosigkeit in Spanien etc.

Solche Unsicherheiten bereiten den idealen Nährboden für Angstzustände, Depressionen und körperliche Krankheiten, so das Ergebnis zahlreicher aktueller Studien. Aber genau diese Angst erlaubt es nicht, eine kleine Pause zu machen oder gar in den Krankenstand zu gehen. In wirtschaftlich angespannten Zeiten erreicht die Zahl der Krankenstände meist ein historisches Tief. Die Folgen sind natürlich gravierend: Verlust von Lebensqualität, psychische Dauerschäden und oft auch ein Ansteigen der Aggressionen innerhalb der Familie. Dazu passend der Titel von einem der bedeutendsten deutschen Filme: der von Rainer Werner Fassbinder 1974 gedrehte Film „Angst essen Seele auf". Abgewandelt könnte man sagen: „Angst frisst den Arbeitsplatz auf."

Auch wenn der Tipp jetzt banal klingt: Versuchen Sie cool zu bleiben, bringen Sie Ihre Leistung, denn von Leistungsträgern trennt sich ein Unternehmen als Letztes. Verlieren Sie trotzdem Ihren Arbeitsplatz, können Sie davon ausgehen, dass es mit menschenmöglichen Mitteln nicht zu verhindern war.

TIPP

Halten Sie sich – gerade in Krisenzeiten – an das Erfolgsrezept A+.
Es steht für Aktiv Positiv. Seien Sie aktiv und positiv. Packen Sie mit Zuversicht
Dinge an. Zeigen Sie, dass Sie ein Kämpfer, ein „Fighter" sind und dass
Sie nicht aufgeben. Suchen Sie keine Ausreden, kein schuldhaftes
Verhalten bei anderen. Geben Sie ganz bewusst Ihr Bestes.
Orientieren Sie sich am Sport. Idealerweise am Fußball. Ist die Mannschaft 2:0
im Rückstand und es ist noch eine ganze Spielhälfte zu spielen – was wird der
Trainer tun? Er wird Spieler bringen, die Kämpfertypen sind, Spieler die laufen,
kratzen und beißen. Er wird die letzte Chance nützen wollen. Spieler, die zwar
technisch sehr gut, aber vielleicht zu „filigran" sind, werden auf die
Ersatzbank müssen und dort vielleicht sogar bleiben.
Ein Beispiel aus der österreichischen Vergangenheit? Versuchen Sie,
eher ein Didi Kühbauer, als ein Andi Herzog zu sein. Zumindest in Krisenzeiten.

K wie Kreativität

Kreativität ist normalerweise immer gut. Aber Vorsicht beim Bewerbungs-schreiben und bei der Bewerbung im Allgemeinen. Siehe auch B wie Be-werbungsschreiben.

Denken Sie daran, der Recruiter bekommt vielleicht hundert Bewerbungen für die ausgeschriebene Position. Wenn ein Bewerbungsschreiben witziger ist als das andere, vergeht dem Leser bald der Spaß an der Sache beziehungsweise das Lachen.

Kreativität ja – bei einer Bewerbung für eine Werbe-, Mode- oder PR-Agentur. Aber nicht beim Industrieunternehmen, der Bank oder beim Steuer-berater. Keep it simple!

Die wohl ungewöhnlichste Bewerbung, die ich jemals erhalten habe, war die Bewerbung eines Juristen für die Position Kommerzkundenberater für eine österreichische Regionalbank. Das Schreiben war sorgsam eingerollt – in einer Weinflasche. Ich habe meinen Augen nicht getraut.

Ich habe – das kann durchaus auch an meiner manuellen Ungeschicklichkeit liegen – lange gebraucht, um die Flasche zu öffnen und das Schreiben heraus-zuholen. Ich gebe zu, ich war auf die Bewerbung neugierig, aber zugleich auch leicht „grantig“ wegen des Zeitaufwandes – nicht jeder Personalberater hat schließlich einen Flaschenöffner in seiner Schreibtischlade.

Kurzum hat sich eine schwache halbe Stunden später herausgestellt, dass der Interessierte lediglich beweisen wollte, dass das Klischee vom „trockenen Juristen“ überhaupt nicht stimmt. Es war ihm ein Anliegen zu zeigen, dass er witzig und extrem kreativ sein kann und Kreativität und Humor wären sicher Eigenschaften, wie sie ein Kommerzkundenberater unter vielen anderen auch braucht.

Zum Glück bekommen wir nicht all zu häufig vergleichbar aufwendige Bewer-bungen, aber dennoch jede Menge sehr kreatives Material – oder was zumin-dest die Bewerber dafür halten.

SELBST ERLEBT

Versuchen Sie sich von Ihren Mitbewerbern abzuheben – aber durch Präzision, Klarheit, Aussagekraft und Vollständigkeit Ihrer Unterlagen. Bitte nicht durch aufgesetzte Heiterkeit oder sogenannte Kreativität.

TIPP

K wie Kündigung

Der 36-jährige Product Manager, der seit zwei Jahren bei seiner Firma angestellt ist, wird wohl kaum bis zu seiner Pensionierung im Unternehmen bleiben und wenn doch, dann hat dies Seltenheitswert.

Heute wechseln Mitarbeiter im Schnitt alle drei bis vier Jahre ihre Jobs. Es wird also gekündigt. Der Moment und die Art und Weise, wie man es tut, sind wichtig. Es müssen vor allem zwei Dinge beachtet werden: erstens darf man nie „verbrannte Erde" zurücklassen und zweitens begegnet man einander immer zweimal. Daher sollte man bei der Kündigung stets bedenken, dass man ein sehr ordentliches Zeugnis braucht (idealerweise eine Referenz), welches später von einem Human-Resources-Verantwortlichen oder einem Headhunter auch recherchiert wird. Also gilt es, stets an eine ordentliche und professionelle Übergabe an den Nachfolger zu denken, die Kündigungsfrist einzuhalten (wenn notwendig, etwas länger zu bleiben) und auch die letzten Tage, Wochen und Monate noch engagiert und motiviert zu arbeiten.

TIPP

Sprechen Sie zuerst mit Ihrem Chef bzw. sagen Sie ihm, dass Sie das Unternehmen verlassen wollen. Erklären Sie Ihre Motivation und versichern Sie ihm sofort, dass Sie eine perfekte Übergabe anstreben und auch noch nach dem Verlassen des Unternehmens für Fragen zur Verfügung stehen.
Am nächsten Tag kündigen Sie – um der Form und den vertraglichen Bestimmungen zu entsprechen – schriftlich per eingeschriebenem Brief.

SELBST ERLEBT

Ein technischer Verkäufer hat gleich nach seinem Studium an der TU Wien elf Jahre lang bei einem internationalen Konzern gearbeitet. Eines Tages fiel ihm auf, dass dies sein erster Job war und dass er noch etwas „anderes" sehen und machen wollte. Er sah sich auf dem Arbeitsmarkt um, fand etwas, ging zu seinem verblüfften Chef und kündigte. Er hatte einen Monat Kündigungsfrist und noch drei Wochen offenen Urlaub. Nach genau einer Woche verließ er das Unternehmen.
Später wunderte er sich, dass in der Branche – die klein war – über ihn gemunkelt wurde, obwohl er doch nur sein Recht in Anspruch genommen hatte.

K wie Kündigungsfrist

Ich möchte hier nicht auf den Begriff aus juridischer Sicht eingehen, sondern gleich zum Tipp kommen:

Was auch immer zwischen Ihnen und Ihrem Chef vorgefallen ist, halten Sie die Kündigungsfrist ein. Geben Sie in dieser Zeit noch einmal Gas und zeigen Sie sich von der professionellsten Seite. Die Welt ist klein, eine gute Nachrede ist nie garantiert – aber mit einer guten Übergabe und vollem Einsatz während dieser Kündigungsfrist, schaffen Sie zumindest eine gute Voraussetzung dafür.

Ich hatte einen Kandidaten zum Gespräch, mit dem ich die Position des Exportleiters besprechen wollte. Während des Gespräches hatte ich den Eindruck, einen soliden und verlässlichen Mann mir gegenüber zu haben. Mein Gesprächspartner hat sich auch bemüht, diesen Eindruck noch zu verstärken. Wir kamen zum Punkt Kündigungsfrist und den möglichen Einsatztermin. Jener Mann, der mir gerade erklärte, wie wichtig er für das Unternehmen war und welch ein loyaler Mensch er wäre, merkte Folgendes an: „Ich habe noch einen alten Vertrag mit einem Monat Kündigungsfrist. Allerdings habe ich noch fast sechs Wochen Urlaub und ich könnte also am kommenden Montag schon beginnen."
Das hat gesessen. Ich stellte mir gerade vor, wie wohl mein Kunde reagieren würde, wenn eine Schlüsselkraft mit einem Monat Kündigungsfrist nach nur wenigen Tagen ausscheiden würde.

SELBST ERLEBT

Darum noch ein Tipp:
Es macht keinen guten Eindruck seinen aktuellen Dienstgeber im Stich zu lassen. Jeder potenzielle Arbeitgeber wird sich die Fragen stellen –
„Wird er das auch bei mir tun?"
Ein echter Professional läuft nicht davon – er übergibt so, dass sein Nachfolger dort weiter arbeiten kann und damit das für das Unternehmen Erreichte nicht mit einem Schlag zerstört wird.

TIPP

L

L wie Lebenslauf

Der Schlüssel zum Erfolg!

Es gibt Hunderte von Möglichkeiten einen Lebenslauf zu schreiben. Leider sind die meisten davon falsch. Beim Verfassen des Lebenslaufes müssen Sie den Zeitgeist mit bedenken. Heute muss alles sehr flott gehen, kaum jemand nimmt sich Zeit

Unterlagen gewissenhaft und in Ruhe zu lesen. Daher sind Übersichtlichkeit und Präzision das Wichtigste.

Ob man jetzt bei der aktuellen Position beginnt und sich dann in die Vergangenheit zurückbewegt oder ob man chronologisch beginnt und sich in die Gegenwart arbeitet, ist nicht das Entscheidende. Entscheidend ist, dass der Leser auf Anhieb Qualifikationen und Erfolge sieht sowie alle wichtigen Kontakt- und „Eckdaten".

TIPP

Dieser Tipp mag so manchen Leser verwundern, aber bitte lernen Sie Ihren Lebenslauf auswendig! Es ist kein gutes Zeichen, wenn Sie die Eckdaten nicht im Kopf haben. Speziell bei jüngeren Kandidaten macht es keinen guten Eindruck, wenn sie erst nachlesen müssen, wann maturiert oder wann die derzeitige Aufgabe übernommen wurde.
Sie sollten während des Gespräches Blickkontakt zum Interviewer suchen und nicht (vielleicht sogar minutenlang) auf Ihren Lebenslauf starren – siehe Abbildung. Denn während Sie suchen, können Sie nicht den Blick sowie die Körperhaltung Ihres Gesprächspartners beobachten und interpretieren.

LEBENSLAUF BEISPIEL 1:

Name
Adresse
Telefon
E-Mail

Persönliche Daten: *Geburtsdatum*
                                Familienstand
                                Staatsbürgerschaft

Ausbildung.   *schulische Ausbildung*
                                (welche Schule, Ort, Abschluss)

                                akademische Ausbildung
                                (welche Universität, welche Studienrichtung,
                                Titel der Diplomarbeit, Abschluss)

                                sonstige Kurse
                                (WIFI-Kurse, Seminare)

Beruflicher Werdegang: *von – bis, Name des Unternehmens*
                                berufliche Bezeichnung
                                (kurze Beschreibung, die letzte oder derzeitige
                                Tätigkeit betreffend)

Sonstige Kenntnisse: *Fremdsprachen, EDV-Kenntnisse,*
                                Spezialkenntnisse

Hobbies:

Präsenzdienst: *von – bis*

Der Lebenslauf sollte datiert und signiert sein!

LEBENSLAUF BEISPIEL 2:

Roland Reichwein*
Lange Gasse 6
1080 Wien
Tel: 01/40821xx / Mobil: 06xx/7432xxx
E-Mail: roland.reichwein@xy.at

Persönliche Daten:	*Geboren: 13. 1. 1978* *verheiratet, 2 Kinder* *Österreichische Staatsbürgerschaft*
Ausbildung:	*1992–1997 HTL-Nachrichtentechnik Matura, Wien,* *1997–2001 WU-Studium, Betriebswirtschaft* *2002 Seminar XY, WIFI Wien*
Präsenzdienst:	*befreit*
Berufserfahrung:	
Seit 09/2010	*Firma Grün* *Vertriebsleiter Österreich für den Bereich* *Medizintechnik* *• Key-Account-Management* *• Betreuung der Distributoren und Händlernetze* *• Budgetierung und Forecast* *• Umsatzverantwortung 4,5 Mio. Euro* *• Führung von 16 Mitarbeitern*
01/2009–08/2010	*Firma Braun, Vertriebsleiter IT und Equipment*
03/2006–12/2008	*Firma Gelb* *Vertriebsleiter im Bereich Medizintechnik* *• Umsatzverantwortung ATS 28 Mio.* *• Führungsverantwortung für vier Mitarbeiter*
10/1999–02/2006	*Firma Blau* *Product Manager für Kopiergeräte* *• Ab 1984 Key-Account-Manager Kopiergeräte* *• Kunden: Großkunden in Wien, sowie Behörden*
010/1997–08/1999	*Firma Rot* *Vertriebsmitarbeiter im Bereich Büroequipment*
Besondere Kenntnisse:	*Englisch – verhandlungssicher* *Französisch – Grundkenntnisse* *Italienisch – Grundkenntnisse* *PC-Kenntnisse – sehr gut, diverse Standardpakete*
Hobbies:	*Orgelspiel, Hundezucht, Volleyball*

Wien, 25.11.2014   *Unterschrift*

* Name sowie die Firmendaten wurden geändert

L wie Lehre

„Mein Kind soll es einmal besser haben" oder „Mein Kind soll sich einmal nicht so plagen müssen", sind jene Sätze und Einstellungen, die dazu geführt haben, dass es immer weniger Lehrlinge gibt. Dazu kommt die Forderung, dass alle maturieren und studieren sollen (dürfen können, sollen können), damit sie (die Kinder) einmal besser verdienen.

Aus der Sicht des Personalberaters eine falsche Überlegung – eine Rechnung, die nicht aufgeht.

Würden Sie als Auftraggeber auftreten und einem Personalberater den Auftrag erteilen, einen Uhrmachermeister oder einen Glaser-, Tischler-, Schneidermeister zu suchen, wäre er wahrscheinlich überfordert. Denn es gibt sie wahrscheinlich kaum mehr.

Dafür gibt es immer mehr Kinder, die bereits in jungen Jahren psychologische Betreuung benötigen, weil sie nicht mit dem Stress zurechtkommen. Nur weil Mama und Papa es sich wünschen, muss das Kind nicht geeignet sein und sich durch eine höhere Schule quälen. Denn für manche ist es eine Qual und sie wären glücklicher, könnten sie eine Lehre machen – zum Beispiel als Tischler oder Schlosser.

Denkt man an Karriere, sollte man unbedingt auch an Lehre denken. Und bedenken Sie, dass das Gehalt auch von Angebot und Nachfrage bestimmt wird, und daher wird ein Schlossermeister sicher mehr verdienen als ein Absolvent einer durchschnittlichen Universität, welcher noch dazu 18 Semester benötigt hat, um sein Studium auch abzuschließen.

Lassen Sie als Elternteil den Kopf nicht hängen, wenn Ihr „Sprössling"
die AHS abbricht und eine Lehre beginnt. Im Gegenteil –
freuen Sie sich und unterstützen Sie Ihr Kind!
Heute eine Lehre und morgen vielleicht ein Studium. Es gibt kaum etwas
Besseres als Lehre plus Studium. Jenen, denen der Knopf vielleicht
etwas später aufgeht, steht meistens eine große Karriere bevor.

Nochmals L wie Lehre, weil es so wichtig ist

Ist die Lehre eine Sackgasse? Ist, wer nicht gleich maturiert, sondern eine Lehre macht, bereits am Beginn der Karriere schon wieder am Ende? Nein, natürlich nicht – oder nicht mehr oder weniger als jemand, der eine AHS-Matura macht und dann keine weitere Ausbildung mehr. Nicht jeder 15-Jährige hat „Bock" auf Schule, manche wollen oder müssen zudem Geld verdienen. Da bietet sich die Lehre an, denn schließlich kann und darf nach absolvierter Lehre weiter gelernt werden und schließlich ist es besser, eine Lehre zu machen, die Spaß macht, als eine AHS, die keinen Spaß macht und das Risiko eingehen, dass die Matura (als Zwischenstation) doch nicht geschafft wird. Aber Vorsicht! Es sollte eine Lehre begonnen werden, die auch Zukunftschancen eröffnet und die zu einem passt. Von der typischen Lehre wir Friseurin oder Bürokaufmann rate ich ab – da sind die weiteren Berufschancen nicht so rosig. Es sollte schon eine Lehre sein, die etwas „ausgefallen" ist, wie zum Beispiel Rauchfangkehrer, Mechatroniker, Uhrmacher, Glaser oder Installateur (das gilt natürlich für „Buben und Mädchen"). Denn mit einem Lehrabschluss in diesen Bereichen braucht man sich über einen sicheren Arbeitsplatz in der Folge keine Sorgen machen.

Entschließt sie oder er sich aber doch für eine Lehre als Bürokaufmann oder -frau, dann sollten einige Punkte beachtet werden: neben dem Lehrabschluss benötigt man wirklich gute Englischkenntnisse oder andere Fremdsprachenkenntnisse, man sollte den Wunsch haben, weiter zu lernen, zum Beispiel eine Studienberechtigungsprüfung oder Berufsreifeprüfung anstreben, denn sonst gibt es keinerlei Aufstiegschancen.

Dem Autor dieses Buches ist es schon klar, dass das ein heikles Thema ist, aber angesprochen sollte es doch werden: wer zwar eine abgeschlossene Lehre hat, aber auffällig tätowiert oder gepierct ist, hat von Vornherein geringe Chancen auf eine anspruchsvolle Position. Es gibt sie zwar, aber eben nicht allzu oft. Gepflegtes Auftreten und Aussehen, relativ dialektfreie Aussprache und gute Manieren helfen sehr bei der Suche nach einem Lehrplatz und danach sowieso!

TIPP

Seit wenigen Jahren gibt es in Österreich auch die Lehre mit Matura (LmM). Der Einstieg erfolgt innerhalb der Lehrzeit, ist in allen Lehrberufen schon im ersten Lehrjahr möglich, meistens wird dies aber erst für das zweite Lehrjahr empfohlen. Diese Form der Berufsreifeprüfung wird in Teilprüfungen abgelegt, und zwar in den Gegenständen Deutsch, Englisch, Mathematik und im persönlichen Fachbereich. Das ermöglicht auch das Studium an einer Universität oder Fachhochschule.

SELBST ERLEBT

Arthur Hunt suchte einen Lehrling
Unser Unternehmen, ein Executive-Search-Unternehmen, ist spezialisiert auf die Suche nach Führungskräften und Spezialisten. Die Suche nach Lehrlingen zählt nicht zu unseren Kernkompetenzen. Als ich mich entschlossen habe, einen Lehrling einzustellen, habe ich sofort Kopfschütteln und Verwunderung bei meinen Freunden und Kollegen ausgelöst. „Das willst du dir antun?" war noch die „harmloseste" der gestellten Fragen. Jeder der mich einigermaßen kennt, muss wissen, dass solche Reaktionen bei mir ein „jetzt erst recht" auslösen. Ich bin ein bekennender Steinbock und als solcher konsequent – manchmal sogar

stur. Ich konnte und kann einfach nicht glauben, dass alle 15- bis 16-Jährigen von oben bis unten tätowiert und gepierct sind, Arbeit grundsätzlich ablehnen und keinen ordentlichen deutschen Satz herausbringen.

Mit dieser etwas skeptischen Haltung habe ich mich auf die Suche begeben. Zunächst habe ich die Wirtschaftskammer und das AMS von meinem Wunsch, einen Lehrling aufzunehmen, in Kenntnis gesetzt. Und siehe da, die Betreuung war top. Der Berater der Wirtschaftskammer kam innerhalb weniger Tage vorbei, stufte mich sogleich als Greenhorn in Sachen Lehrling ein und ließ mir eine Betreuung vom Feinsten angedeihen. Ebenso das AMS, welches sehr rasch Kontakt mit mir aufnahm und auch erste Lebensläufe schickte.

Die Lebensläufe ähnelten einander wie ein Ei dem anderen. Alle hatten schon von Arthur Hunt gehört und wollten unbedingt bei uns eine Lehre beginnen. Voller Spannung habe ich die ersten Kandidatenund Kandidatinnen eingeladen. Die Gespräche gestalteten sich nicht besonders einfach. Warum? Für einen gestandenen Personalberater ist es ungewohnt, 15- und 16-jährige Kinder – pardon Jugendliche – einzuladen. Die Damen und Herren haben mir leid getan: sie waren extrem nervös und extrem verunsichert. Keine Spur von frecher und respektloser Jugend – mein Optimismus war also doch begründet.

In einer ersten Runde traf ich junge Leute mit sogenanntem Migrationshintergrund. Meine Überlegung war, mir eine zusätzliche Fremdsprache „ins Haus zu holen". Die Ernüchterung kam aber sehr schnell. Die jungen Kandidaten/innen sagten mir sehr ehrlich, dass sie zwar Türkisch, Serbisch, Kroatisch und Rumänisch sprächen – allerdings nicht gut und von Schreiben war keine Rede. Und Deutsch? Für die meisten ein großes Problem. So saßen wir einander gegenüber – auf der einen Seite der unsichere und schüchterne, aber sehr lernwillige Jugendliche und auf der anderen Seite der Berater, für den dieser Bereich „Neuland" war. Das erste Résumée der Suche ist also: Ja, es gibt sie – die Lernwilligen – sowohl die sehr gepflegten und wohlerzogenen jungen Leute, die sich um eine Lehrstelle bemühen, als auch die ehrgeizigen, leistungsorientierten mit dem Wunsch eine Lehre als Bürokauffrau/mann zu absolvieren. Die zweite Erkenntnis: das suchende Unternehmen ist nicht allein. Es gibt die Unterstützung der Wirtschaftskammer und des AMS – schnell und professionell.

Wir sind also kurz vorm Ziel, wäre es in unserer Branche nicht notwendig, sehr gute Deutschkenntnisse zu haben, sowohl mündlich als auch schriftlich, dann wären wir sicher sehr rasch fündig geworden. Und wie gesagt – Steinböcke sind nicht nur stur, sondern auch ausdauernd.

Die Suche ging also weiter und wir haben mit zahlreichen jungen Damen und Herren gesprochen. Wir führten die Gespräche nicht nur mit den potenziellen Lehrlingen, sondern auch mit deren Eltern. Die Meinung mag zwar überholt

SELBST ERLEBT

sein, aber ich denke nach wie vor, dass die Erziehung Sache der Eltern ist und nicht der Schule und schon gar nicht die eines Unternehmens. Also legte ich wert darauf, die Eltern unseres künftigen Lehrlings von Anfang an mit einzubeziehen. Uns war es wichtig, die Einstellung der Eltern zur Lehre, zur Schule und zum Beruf zu kennen. Als Neuling auf dem Gebiet der Lehrlingsausbildung war es mir klar, dass ohne Eltern und Schule überhaupt nichts geht. Der Stress des Daily-Business, die Herausforderungen durch Kunden und Kandidaten und nebenbei die alleinige Verantwortung für ein junges Mädchen oder jungen Mann zu übernehmen – das würde nicht gutgehen. Also war klar: die Eltern müssen eingebunden werden. Daher haben wir ab diesem Moment die Eltern gleich zum Erstgespräch mit eingeladen.

Eines Tages saß mir Olivia mit ihren Eltern gegenüber. Es hat von Anfang an „gefunkt". Ich kann jedem Unternehmen, das Lehrlinge sucht, nur empfehlen, Gespräche mit den Eltern zu führen. Wie heißt es so richtig: „Der Apfel fällt nicht weit vom Stamm" – stimmt zwar nicht immer, aber sehr oft und mindert daher das Risiko. Jedenfalls hat wenige Wochen später Olivia bei uns begonnen. Genau gesagt am 20. September 2010.

Seither ist einiges passiert: Olivia musste sich an die Welt der Erwachsenen erst gewöhnen und wir an dieses kleine, oft frech schauende, aber (meistens) bemühte Kind. Ich verwende ganz bewusst diesen Ausdruck! Eine 14-, 15- oder 16-Jährige ist in meinen Augen ein Kind, vor allem ein Schulkind. Die Balance zwischen Berufsschule, Beruf und Kindsein war für Olivia nicht leicht. Speziell die ersten zwei Schuljahre. Sowohl für sie, als auch ihre Eltern, Klassenvorstand und Arthur Hunt. Aber wir haben es geschafft. Das letzte Schuljahr verging wie im Flug. Und dann? Was im September 2010 niemand (vor allem auch Olivia) nicht geglaubt hatte, passierte wirklich. Bereits im Sommer 2013 hat Olivia beschlossen, sofort die Berufsreifeprüfung zu machen. Ihre Bürozeiten wurden halbiert und der Rest des Tages und des Abends wurde in der Maturaschule Roland verbracht. Auch dieses Jahr verging wie im Flug und im Juli 2014 war auch diese Etappe geschafft. Olivia hat ihre Berufsreifeprüfung bestanden, zwar mit viel Einsatz und bravem Lernen, aber unmenschlich waren die Anstrengungen auch nicht. Der Wille, die Disziplin und natürlich ihr schlaues Köpfchen haben ihr bei der Erreichung dieser Ziele geholfen.

Warum ich diese Geschichte so ausführlich erzähle? Weil es mir die Möglichkeit gibt, meine zwei Lieblingsredewendungen zu strapazieren: „Jeder ist seines Glückes Schmid." Wer mit 14 oder 15 nicht mehr in die AHS will, ist deswegen noch lange nicht am Ende seiner Karriere. Vielleicht berichte ich dann in der 6. Auflage dieses Buches, dass Olivia Arthur Hunt als Mitglied der Geschäftsführung verstärkt. Nicht nur im Lotto, auch in puncto Karriere ist alles möglich!

M wie MBA-Karriere und Gehaltsturbo

Wenn es mit der Karriere nicht so rasch geht, wie geplant, denkt so mancher an ein MBA-Studium. Aber ist das wirklich der „Booster" für die Karriere und verbunden mit einem gewaltigen Gehaltsprung?

Aus Kostengründen überlegen viele ein MBA in Österreich zu absolvieren. Doch können österreichische MBAs dem Vergleich etwa mit Harvard oder Fontainebleau, also den weltweit renommiertesten Wirtschaftsausbildungen, standhalten? Vom Image her wohl kaum.

Ist ein MBA-Studium überhaupt sinnvoll? Man sollte unbedingt überlegen, was man in den nächsten drei bis fünf Jahren erreichen will – und welche Zusatzausbildungen auf diesem Weg helfen können. Das kann auch ein MBA sein, muss es aber nicht. Auslandserfahrung zum Beispiel in einem CEE-Land hilft wahrscheinlich mehr als eine postgraduale Ausbildung.

Eines ist aber sicher, die angeblich mit einem MBA-Abschluss verbundenen Gehaltssprünge gab es vielleicht in der Vergangenheit, sind aber heute völlig undenkbar. Das Gehalt hängt stark von der Persönlichkeit ab, von der Leistung sowie von der Einsatzbereitschaft.

Und trotzdem ist ein MBA ein zusätzliches Plus – es wird in der Regel einen Kandidaten in der Selektion weiter nach vorne bringen. Nicht mehr, aber auch nicht weniger.

Ich sehe das MBA-Studium mehr als Möglichkeit einer Kurskorrektur. Genauer gesagt einer Kurskorrektur, die nicht nur leicht korrigiert, sondern mächtig nach vorne katapultieren kann.

Was könnte man also einem jungen Menschen raten? Studieren Sie, was Sie wollen, ohne auf den Arbeitsmarkt zu schauen und ohne auf die Eltern (und Erbtanten) zu hören. Sind diese jungen Menschen dann mit dem Studium fertig und der Arbeitsmarkt sagt ihnen, dass dieser sie so überhaupt nicht brauchen kann, dann machen sie einen MBA (durchaus auch in Österreich). Aus meiner Sicht liegt in der Kombination mit einem Basisstudium – sei es Ethnologie, Politikwissenschaften, Publizistik, Theologie oder Ägyptologie – der größte Wert eines MBA. Für Wirtschaftswissenschaftler bringt ein MBA meiner Meinung nach nicht gar so viel, denn das Wissen über betriebswirtschaftliche Zusammenhänge sollte schon vorhanden sein.

Aus der Sicht des Personalberaters hat ein MBA zwei weitere nicht zu unterschätzende Vorteile: der Student lernt das „case-orientierte" Arbeiten und er schafft sich ein Netzwerk. Wie wichtig „Networking" ist, ist wohl mittlerweile allen klar geworden. Welchen Wert misst nun die Praxis einem MBA bei? Wenn der Personalchef einen MBA nicht kennt, dann hat die Zusatzausbildung nur einen geringen Mehrwert. Daher kommt es neben dem Inhalt schon auch sehr darauf an, wo die postgraduale Ausbildung gemacht wurde.

Fairerweise muss man aber festhalten, dass das bisher Gesagte nur in Bezug auf General-Management-Programme richtig ist. Es gibt aber andere Programme, etwa Professional MBAs, welche sich auf ein ganz spezielles Fach fokussieren. Man kann hier auch einen „Master of Science" oder einen „Master of Arts" absolvieren.

Als Resümeé könnte man vielleicht etwas provokativ sagen: ein MBA-Studium garantiert noch gar nichts – hat man aber eine erste Studienwahl getroffen, welche nicht zur ganz großen Karriere geführt hat, ist man mit einem MBA schnell wieder auf Kurs. Befindet man sich hingegen schon auf Kurs, macht sich ein MBA an einer imageträchtigen Hochschule natürlich sehr gut und wird tatsächlich zum Karriere-Booster.

SELBST ERLEBT

Eines Tages sitzt mir ein zirka 35-jähriger Controller gegenüber, der seit gut und gerne fünf Jahren bei einer der großen österreichischen Banken beschäftigt war. Das Gespräch verlief sehr gut und ich hatte auch schon eine Position im „Hinterkopf", die ich ihm gerne vorschlagen wollte. Dann sprachen wir über seine Gehaltswünsche. Zu dem Zeitpunkt verdiente er inklusive aller Prämien etwa 65.000 Euro per annum und war damit eigentlich nicht unzufrieden. Bei einem Wechsel – innerhalb der Branche – stellte er sich rund 84.000 Euro per annum vor. Größenordnungsmäßig ein Drittel mehr. Ich fragte ihn, wie er zu dieser Zahl käme.

Er rechnete mir einiges vor und stützte seine Kalkulation in erster Linie auf sein MBA-Studium. Er rechnete die Kosten für seine postgraduale Ausbildung zusammen, dividierte sie durch drei Jahre plus einen Aufschlag, der ohnedies bei jedem Wechsel zu erreichen sein müsste, und kam so auf die nicht unstolze Summe von 84.000 Euro.

Ich teilte ihm höflich, aber sehr bestimmt mit, dass mein Kunde einen solchen Betrag nicht vorgesehen hätte und dass es schwer werden könnte, eine Position im Controlling zu finden, welche mit diesem Betrag dotiert wäre. Damit habe ich natürlich keine Begeisterungsstürme ausgelöst, aber Tatsache ist eben, dass sich eine postgraduale Ausbildung mit hoher Wahrscheinlichkeit bezahlt macht, aber eben nicht sofort.

Ein MBA hilft fast immer schneller voranzukommen, schneller die Chance zu bekommen, zu zeigen, was in einem steckt – aber auf dem Lohnzettel dauert es einige Zeit, bis man die Früchte seiner Investition sehen kann.

M wie Migrationshintergrund

Zar nije divno da mnogi ljudi u Austriji mogu da čitaju i razumeju ove redove? Naravno da je super, pogotovo jer je to šansa za poslovnu lokaciju Austriju da razvije dobre startne pozicije na atraktivnim tržištima.

Ist es nicht toll, dass viele Menschen in Österreich diese Zeilen lesen und verstehen können? Natürlich ist es toll, zumal es für den Wirtschaftsstandort Österreich eine Chance ist, sich in interessanten Märkten gute Startpositionen zu erarbeiten.

Ex-Jugoslawien ist ein interessanter Wirtschaftsraum. Sicher morgen noch viel mehr als heute, und somit wäre es eine tolle Chance für den Nachwuchs, aber auch für Führungskräfte, sich schnell zu positionieren und Karriere zu machen. Gleiches gilt für die Türkei. Das Land ist (innerhalb oder außerhalb der EU) ein extrem interessanter Markt. Wäre es da nicht toll, eine Führungskraft zu haben, die verhandlungssicher türkisch spricht?

Ich finde, es war höchste Zeit Türkisch als Maturafach zuzulassen und somit weiter aufzuwerten. Stellen Sie sich vor, welche Möglichkeiten es für österreichische Unternehmen gibt, wenn der für den türkischen Markt verantwortliche Manager neben sehr gut englisch auch türkisch spricht. Jahrelang hatten jugoslawisch- oder türkischstämmige Österreicher ein klassisches „Gastarbeiter-Image", fleißig, nicht sonderlich gebildet, daher auch am unteren Ende des Lohnniveaus. Aber die Zeiten haben sich und werden sich erfreulicherweise ändern.

Den jüngeren Lesern dieses Buches wird der Name Heinz Conrads (1913–1986) nichts mehr sagen – dieser österreichische Entertainer und Komödiant sang auch mit großem Erfolg Wiener Lieder – eines davon war „Da wär's halt gut, wenn man Englisch könnt". Heute „wär's nicht gut", sondern ist es ein absolutes Muss, aber „es wäre halt gut wenn man Türkisch oder Serbokroatisch könnt". Vorteile, die man hat, nicht zu nützen, ist fahrlässig.

TIPP

Leider auch M wie Mobbing

Mobbing kommt vom englischen „to mob" = anpöbeln, angreifen, bedrängen, über jemanden herfallen und steht im engeren Sinn für „Psychoterror" am Arbeitsplatz mit dem Ziel, den Betroffenen aus der Abteilung oder dem Unternehmen „hinauszuekeln".

Mobbing bedeutet auch, einen Kollegen ständig zu schikanieren, ja sogar zu quälen und zu verletzen. Typische Mobbing-Handlungen sind Verbreitung von Gerüchten und falschen Tatsachen, Zuweisung sinnloser Arbeitsaufgaben oder ständige Kritik an der Arbeit. Im Moment scheinen die Zeiten schlechter zu werden, also muss man befürchten, dass das Mobbing weiter zunehmen wird. Manche Mobbing-Forscher bescheinigen, dass Mobbing-Opfer im Durchschnitt ängstlicher, unterwürfiger und konfliktscheuer sind und sich daher als Opfer nahezu anbieten. Als weitere Ursache für Mobbing gilt die Persönlichkeit des Mobbers. Einige gehen davon aus, dass Menschen zu Mobbern werden, um ihr schwaches Selbstvertrauen zu kompensieren. Mobber benutzen demnach die Opfer als „Prügelknaben" und als Projektionsfläche für ihre eigenen, negativen Emotionen.

SELBST ERLEBT

Mein lieber Leserin, meine liebe Leserin, ich erzähle Ihnen eine ganz persönliche Geschichte:

Meine Tochter Catherine war damals knapp sieben Jahre und hatte in der Schule ständig Ärger mit einem kleinen Buben (zum Schutz der Anonymität nennen wir ihn heute Josef).

Er war nicht wirklich böse, sondern eher übermütig. Ein Lausbub eben.

Er „schupste" sie ständig und machte sich auf ihre Kosten lustig – sehr zum Gaudium seiner Freunde.

Catherine schien mir zu diesem Zeitpunkt auch die Freude an der Schule zu verlieren. Ich riet ihr damals (pädagogisch vielleicht nicht sehr wertvoll, dafür effizient – und zu meiner Entschuldigung muss ich auch sagen, dass ich Betriebswirt und kein Psychologe bin) ihm einen kräftigen Fußtritt zu geben – verbunden mit einem kleinen Scherz.

Tatsächlich lief einige Tage später alles wie üblich ab, oder eben nicht. Josef schupste Catherine, sie schupste zurück und gab ihm zusätzlich einen kleinen Tritt und das war es. Seitdem ist Ruhe. Warum? Weil sowohl im Schulhof, als auch im Unternehmen die Stärkeren immer auf scheinbar Schwächere „hinhauen". Sobald diese sich aber wehren, suchen sich die Stärkeren andere Opfer. Das löst zwar das Problem nicht, aber verschafft Ihnen zumindest einmal Ruhe.

TIPP

Darum mein Tipp:

Wehren Sie sich! Ist der Chef Quelle und Ursache des Mobbings, lohnt es sich ebenso sich zu wehren, als wenn es ein Kollege ist. Sagen Sie NEIN, reden Sie zurück, schlucken Sie die Dinge nicht hinunter. Wehren Sie sich und geben Sie kein Opfer ab. Versuchen Sie es und wenn es gar nicht hilft, können Sie sich immer noch nach einer neuen Wirkungsstätte umsehen. Meiner Erfahrung nach ist Ihre Chance weit größer als „fifty-fifty". Warum ich das glaube? Weil auch kleine Josefs eines Tages Chef werden können und weil so mancher Chef ein kleiner Josef bleibt.

Wie auch immer, es ist klar, dass die Opfer jene sind, die es zu schützen und zu bedauern gilt, und es natürlich nicht so ist, dass die Opfer selbst schuld sind. Dennoch glaube ich, dass es zahlreiche Fälle von „Mobbing" gibt, wo die „Gemobbten" sich selbst aus der Falle befreien können – sie sollten allerdings nicht zu lange mit der Gegenwehr warten. Oft hilft bereits ein wenig Gegenwehr, um den Mobber zu verunsichern und ihn in seine Schranken zu verweisen. Denken Sie auch an den alten Spruch von den bellenden Hunden, die nicht beißen.

M wie Mobilbox

Natürlich müssen wir jederzeit erreichbar sein. Das Handy stets dabei – stets bereit zu kommunizieren. Gerade in einer Bewerbungsphase ist das aber keine gute Idee und keine gute Strategie. Stellen Sie sich vor, Sie sitzen gerade im Restaurant – eines jener feinen Restaurants, wo man jedes Wort hört, weil es so leise ist. Auf einmal läutet es – der Headhunter ist dran und hat noch Fragen. Diese Fragen lauten: „Warum sind Sie von Gebrüder Kollmeier weggegangen? Und wie viel verdienen Sie monatlich?" Das Schweigen im Lokal wird noch tiefer – Sie werden das Gefühl nicht los, dass alle mithören. Ersparen Sie sich eine solche Situation – schalten Sie das Handy aus. Der Berater spricht auf die Mobilbox und Sie rufen zurück, wenn es für Sie optimal passt.

Daher achten Sie auch auf den Text Ihrer Mobilbox! Seien Sie nicht zu kumpelhaft oder lustig. Wenn der Postmann zweimal klingelt, ist es eine Geschichte – wenn der Headhunter nie wieder anruft, eine andere. Und es kann durchaus am Text der Mobilbox liegen.

M wie Mobilität

Natürlich sind wir alle jung (oder jung geblieben), dynamisch, flexibel und auch mobil. Die meisten sind allerdings nur so lange mobil, bis sie es beweisen müssen. Es stellt sich immer öfters die Frage, was macht man, wenn der Berg nicht zu Moses kommen will?

Konzerne gehen dort hin, wo es Geld zu verdienen gilt. Von Wien aus gesehen sind daher Länder wie Rumänien, Russland, Ukraine und China besonders interessant und Unternehmen rekrutieren mit Vorliebe Mitarbeiter für diese Regionen. Auf der anderen Seite – man hat eine Wohnung, ein Haus, einen noch laufenden Rückzahlungskredit, ein Schulkind und und und … und viele andere Gründe. Fakt ist jedoch, dass drei bis vier Jahre Auslandserfahrung mehr zählen als so mancher MBA. Es ist wie mit einem Karriere-Booster: Es zahlt sich aus in seine Karriere zu investieren und wenn man zurückkommt, findet sich wieder etwas Interessantes – meistens allerdings in einem anderen Unternehmen, denn eine Position „freihalten" gibt es nicht mehr. Aber vielleicht wird gerade durch Zufall eine höhere Position frei?

_N_

N wie Networking

Früher hat man von der „Freunderlwirtschaft" gesprochen – und „Freunderlwirtschaft" war und ist negativ besetzt. Und das, obwohl sie schon immer wichtig war und so manchen Karrieresprung eingeleitet hat. Heute nennt man den gleichen Vorgang „Networking" und liegt – wenn man es betreibt – voll im Trend. Ohne Networking geht gar nichts mehr. Und weil das so ist, sind alle an Karriere Interessierten bei vielen Vereinen, ständig unterwegs und immer im Stress.

Stellt sich die Frage: Was bringt es, dieses Networking? Was kann es garantieren?

Zunächst einmal garantiert es einen nervösen Magen und einen rapiden Verlust an Lebensqualität. Wie alles im Leben ist es die richtige Dosis, die zählt und den Erfolg ausmacht. Networking bringt für die Karriere nur dann etwas, wenn man (idealerweise) aus Überzeugung etwas tut. Wer zu den Lions oder Rotariern geht und sich erwartet, dass er drei Monate später einen Karrieresprung macht, der irrt gewaltig. Viele Jahre in Eiseskälte Punsch ausschenken für einen wohltätigen Zweck, sich viele Jahre für soziale Projekte einsetzen und Zeit investieren – meistens auch Geld – ist die Grundvoraussetzung überhaupt wahrgenommen zu werden. In ein Netzwerk, eine Organisation oder einen Verein zu investieren, eröffnet die Chance, unter Umständen – mit viel Glück – einmal berücksichtigt zu werden. Eine Chance, keine Garantie. So dient intelligentes Networking zum Sammeln von Informationen, nicht mehr und nicht weniger.

Ein gutes Netzwerk ist mindestens genauso viel wert wie ein guter Studienabschluss – stimmt doch, oder? Nein, stimmt nicht! Aber vielleicht doch? Die Sache mit dem Netzwerk ist rasch und eindeutig erklärt: Mit dem Netzwerk verhält es sich so wie mit den Tauben (nein, man muss sie nicht, wie Georg Kreissler meint, vergiften). Wo Tauben sind, da fliegen Tauben zu.

Wer beruflich gut unterwegs ist, macht noch einmal einen Sprung nach vorne. In jedem Netzwerk gilt der sogenannte Vertrauensgrundsatz, der besagt: sind zwei oder mehrere Kandidaten gleich gut geeignet, wird jener aus dem Netzwerk genommen. Ich habe hier bewusst die -innen, sprich: Kandidatinnen, unerwähnt gelassen, da Frauen nach wie vor keine wirklichen Netzwerke haben, zumindest keine, die sie beruflich weiterbringen. Fassen wir zusammen: wer gut ist, braucht ein Netzwerk, um in eine noch bessere Position zu kommen. Wer nicht gut ist, dem nützt kein Netzwerk. Die Zeiten, in denen der sehr brave Parteisoldat aus der 4.

Reihe emporgehievt wurde, um eine Managementposition zu übernehmen, sind vorbei. Eine solche Protektion von Ungeeigneten kann und will sich heute keiner mehr leisten.

Also die politischen Parteien sind heute keine Turbobeschleuniger mehr, wenn es um berufliche Karriere geht. Natürlich gilt auch hier der Vertrauensgrundsatz: Sind mehrere gleich gut, nehmen wir sie oder ihn aus unserer Partei. Aber das würden doch alle machen – und das ist auch nicht schlecht so. Der neutralste und objektivste Entscheidungsträger wird sich bei annähernd gleicher Qualifikation für jemanden entscheiden, der seine Werte und Ansichten teilt. Die sogenannte „Freunderlwirtschaft" wird in Österreich oft überbewertet, in Ostösterreich mehr als im Westen dieses schönen Landes. Das kommt meiner Meinung nach daher, dass der Neid im Osten oft stärker ist als im Westen.

Es würde den Rahmen dieses Buches sprengen, hier auf diverse Netzwerke im Detail einzugehen. Anschneiden möchte ich, ganz kurz und oberflächlich, den CV, die Rotarier und die Freimaurer.

Der CV

Der CV war sicher ein mächtiges und einflussreiches Netzwerk. Besonders bedeutsam war dieser größte österreichische Akademikerverein in der Nachkriegszeit (ich spreche vom zweiten Weltkrieg) bis in die frühen 70er Jahre des vorigen Jahrhunderts. Es war die Zeit der ÖVP-Alleinregierung unter Dr. Josef Klaus. Diese Generation hat es verstanden, junge Männer zu begeistern und war auch mächtig genug, um Gleichgesinnten Karrieremöglichkeiten zu eröffnen. Sieht man sich den CV heute an, so ist das Bild eher erschreckend. Seit vielen Jahren leiden viele Verbindungen unter Nachwuchsmangel, der Verband ist ein Spiegelbild der ÖVP. Die ÖVP, einst starker Partner der österreichischen Sozialdemokraten, kämpft (speziell in Wien) ums Überleben und da die ÖVP immer Quelle für Nachwuchs im CV war, kann man sich gut vorstellen, wie es dem Verband geht. Wer heute als junger Mann zum CV geht und auf eine brillante Karriere hofft, ist ganz klassisch auf dem falschen Dampfer. Darum rate ich, wer zum CV will, sollte sich die Homepage anschauen, dort wird er etwas von vier Prinzipien lesen und das und nur das sollte ihn ansprechen und motivieren, denn geheime Kaderschmiede ist der CV schon lange nicht mehr.

Die Rotarier

Ich bin schon seit 1986 als Personalberater tätig und beschäftige mich hauptsächlich mit Führungskräften und in all dieser Zeit ist es mir noch nie passiert, dass ein rotarischer Kunde gesagt hätte (auch nicht in einem Nebensatz), dass der Gesuchte bzw. die Gesuchte Rotarier sein sollte. Es ist noch nie passiert, dass ein Manager der Top-Liga mir erzählt hätte, dass er von einem Rotarier besonders gefördert (beruflich gefördert) worden wäre – es ist bei den regelmäßigen gemeinsamen Mittagessen kein wirkliches Thema. Vielmehr ist es so, dass viele Entscheidungsträger auch Rotarier sind, aber eben AUCH. Hier gilt die Frage nach dem Huhn oder Ei nicht, denn es ist klar: zunächst gute berufliche Karriere und dann Rotarier und niemals umgekehrt.

Übrigens, was für die Rotarier gilt, gilt genauso für die Lions. In beiden Organisationen wird der Fokus auf andere Dinge als berufliche Karriere gelenkt, aber auch hier gilt, sofern es die Situation erfordert, der Vertrauensgrundsatz, wenn zwischen zwei letzten Kandidaten entschieden werden soll.

Die Freimaurer

Ich kenne einige Freimaurer und glaube sagen zu können, wer sich da für seine Karriere etwas erwartet, der wartet sehr lange. Bei den Freimaurern ist es ähnlich wie bei den Rotariern – wer schon etwas ist, wird aufgenommen und nicht wer etwas werden möchte. Außerdem gibt es bei den Freimaurern den Begriff der „Geschäftsmaurerei" und da ist es mehr als verpönt, seine „Ware anzubieten" – „Ich bin Freimaurer – du bist Freimaurer – machen wir doch ein Geschäft miteinander!" oder „Hilf mir bei der Karriere!" – das geht gar nicht.

Wie viele andere Organisationen werden, zumindest was die Karriere angeht, die Freimaurer überschätzt. Da es kein Mitgliedsbuch gibt, ist eine Aussage natürlich reine Spekulation, aber mich würde es mehr als wundern, wenn die Freimaurer im Spiel der beruflichen Karriere tatsächlich eine Rolle spielen würden und somit reihen sie sich in die Liga der renommierten Vereine und Clubs ein, die zwar diesbezüglich ein Image haben, aber nicht wirklich etwas zusammenbringen. Auch weil sie es nicht anstreben, genauso wenig wie die Rotarier, Lions oder der CV. Die einen können nicht, die anderen wollen nichts für die Karriere tun.

Da empfiehlt es sich, andere Netzwerke zu hegen und zu pflegen – zum Beispiel Absolventenvereine (wie die Schotten oder Theresianisten). Interessant sind auch Anhängervereine, in Wien zum Beispiel Austria oder Rapid. Die Erklärung ist einfach: bei einem gemeinsamen Matchbesuch lässt es sich gut plaudern und wenn man es geschickt anstellt, kommt man auch bald in die jeweiligen VIP-Lounges. Die Atmosphäre ist ungezwungen und locker. Aber auch hier gilt: mit einem Mal ist es nicht abgetan, die Regelmäßigkeit macht es aus. Wer sich aber überhaupt nicht für Fußball interessiert, wird auch hier seine Zeit verlieren und nichts für die Karriere tun können.

N wie NLP (Neurolinguistische Programmierung)

Mein Statement zu NLP ist ein sehr kurzes und persönliches. Ich glaube nicht, dass es für jedermann Sinn macht sich in die Tiefen der NLP zu begeben, aber ich denke, dass eine oberflächliche erste Beschäftigung mit dem Thema für viele sehr sinnvoll ist.

Stimmänderungen, Veränderungen der Körperhaltung oder Blicke richtig interpretieren zu können, das ist gut. Gut im Rahmen eines Bewerbungsgespräches, gut im Rahmen einer Verhandlung oder im Rahmen einer Präsentation. Informationen über NLP gehören zum Grundwissen einer jeden Führungskraft. Natürlich sollte man (speziell als Interviewer) nicht ins andere Extrem fallen, nämlich nur noch beobachten, wo jemand hinschaut (zum Beispiel nach rechts oben anstatt nach links unten oder umgekehrt) oder was er gerade mit seinem Zeigefinger macht, anstatt zuzuhören, was die befragte Person eigentlich sagt.

N wie Niki Lauda

N wie Niki Lauda oder der pragmatische Weg zum Erfolg. Als Niki Nationale von den ersten Rennen einer Saison einige gewann, wurde er von Heinz Prüller (ORF-Formel-1-Legende und unangefochtene Kapazität, was das „Rennfahrer-Englisch" betrifft) gefragt, ob er glaube heuer wieder Weltmeister zu werden. Lauda antwortete in seiner bekannt trockenen und sparsamen Art, dass er die nächsten Rennen voll konzentriert „angehen" und sowohl im Training als auch im Rennen sein Bestes gebe werde und wenn es gelänge, regelmäßig unter die ersten Drei zu kommen, würde er am Ende wahrscheinlich Weltmeister sein! Nur was sagt uns das? Eigentlich etwas sehr Banales: Es macht Sinn, sich stets auf die nächste Aufgabe voll zu konzentrieren, das Beste zu geben und das über einen längeren Zeitraum, dann steht am Ende zwar nicht die Weltmeisterschaft, aber wahrscheinlich der Karrieresprung.

Was verärgert Recruiter am meisten? Wann ist das Bewerbungsgespräch de facto auch schon beendet? Der Bewerber hat seine Chance verspielt, sobald er relativ am Anfang des Gesprächs die Frage stellt: „Wie sehen die Aufstiegsmöglichkeiten aus?" Darum zuerst Leistung erbringen und performen und dann stellt sich die Karriere wahrscheinlich automatisch ein. Also nicht kurz nach dem Start schon auf das Ziel schielen und darüber vergessen ordentlich Tempo aufzunehmen.

Um auf die Formel 1 zurückzukommen: Wer schon in der ersten Kurve nach dem Start versucht, gleich drei bis vier Autos auf einmal zu überholen, landet eher im Kiesbett als auf dem Siegerpodest. Darum da wie dort: Zunächst schauen, was die Anderen machen, sich orientieren und dann Leistung zeigen!

N wie nonverbale Kommunikation

Die Körperhaltung im Rahmen eines Bewerbungsgespräches wurde bereits unter „B wie Bewerbungsgespräch" angesprochen.

Die Ausstrahlung, welche der Kandidat während eines Recruiting-Gespräches hat, ist aber ungemein wichtig und kann das Gespräch zu dessen Gunsten oder auch Ungunsten entscheiden. Daher möchte ich auf die nonverbale Kommunikation ein weiteres Mal kurz eingehen.

Achten Sie genau darauf, wie Sie sitzen beziehungsweise wie sich Ihre Sitz- und damit verbunden Ihre Körperhaltung nach einer Frage verändern.

Abb. 1 zeigt eine Kandidatin, der man ihre Begeisterung kaum abnehmen wird. Sie signalisiert, dass sie sich das soeben Gesagte noch einmal überlegen muss. Sie wirkt etwas enttäuscht.

Abb. 1

Auch der Kandidat auf Abb. 2 ist sehr skeptisch. Obwohl er wenige Sekunden zuvor bestätigt hat, dass ihn das Angebot des Personalisten interessiert. Körperhaltung und Gesichtsausdruck zeigen ganz klar, dass er nicht restlos überzeugt ist.

Abb. 2

Kandidat 3 auf Abb. 3 ist generell sehr abwehrend. Er versteckt sich hinter seiner Hand, die verschränkten Hände und die überkreuzten Beine zeigen ganz deutlich, dass er mehr als reserviert ist.

Abb. 3

In diesen geschilderten Situationen geben die Kandidaten ohne auch nur ein Wort zu sagen bereits alle Antworten. Das sind jene Situationen, wo der Personalist später sagen wird: „Ich weiß nicht warum, aber irgendwie habe ich das Gefühl, derjenige passt nicht zu uns. Ich kann es nicht begründen, aber mein Bauch sagt mir nein."

Bewerbungsgespräche sind nun einmal anstrengend – die volle Konzentration ist gefordert. Bedenken Sie, dass Sie mit Ihrer Körpersprache sehr viel aussagen und idealerweise runden Ihre Gesten, Mimiken und Haltungen das Bild ab. Auch hier der Hinweis auf NLP, zumindest auf die Grundbegriffe. Im Idealfall besuchen Sie ein Seminar des großartigen Samy Molcho oder beschäftigen Sie sich mit seinen Ausführungen zur Körpersprache.

TIPP

Ein ganz persönliches Erlebnis

*Ich war damals angestellt und gemeinsam mit fünf anderen Kollegen
von meinem Chef zu einem NLP-Seminar geschickt worden.*

*Ich hielt das damals für reine Zeitverschwendung und außerdem hatte ich das
Gefühl, zwangsbeglückt zu werden. Der Tag begann wie üblich, wie solche
Seminartage eben beginnen: Jeder stellt sich vor und sagt, was er sich vom Tag
erwartet. Gut. Ich habe auch meine Pflicht erfüllt und mich brav vorgestellt und
meine Erwartungen artikuliert. Gut. Was in den nächsten zwei bis drei Stunden
geschehen ist, habe ich in der Zwischenzeit vergessen (oder verdrängt).*

*Nach einer kurzen Kaffeepause, alle hatten schon wieder am großen runden
Tisch Platz genommen, fragte mich der Moderator: „Sagen Sie, Herr Mertzanopoulos, was machen Sie eigentlich in Ihrer Freizeit?" Ich begann kurz zu erzählen. Der Moderator griff das Wort Fußball auf und fragte mich, welche Position
ich am liebsten spielen würde und was mein größter Erfolg wäre. Ich erzählte
und schilderte meine Erlebnisse und Erfahrungen. Am Ende fragte der Moderator – sehr zu meiner Verwunderung –, was der Gruppe an mir und meiner Schilderung aufgefallen wäre. Die Antworten haben mich dann noch mehr verwundert. Die Kollegen meinten, dass ich bei der Schilderung meiner Fußballaktivi-
täten ein ganz anderer geworden wäre als am Vormittag: nämlich engagierter,
motivierter, begeisterter; ich hätte schneller und lauter gesprochen und wäre
(so meinte ein Seminarteilnehmer, der mich vorher nicht kannte) viel sympathischer „rübergekommen".*

*Was zeigt das? Es zeigt, dass wenn man lustlos an Dinge herangeht, merkt dies
das Auditorium, genauso wie es merkt, wenn man nicht interessiert ist, nicht
hinter den Dingen steht. Nur welcher Mitarbeiter steht schon immer hinter den
Entscheidungen des Konzerns? Bedenken Sie das, wenn Sie eine Rede halten
sollen und Entscheidungen, die Sie nicht getroffen haben, erläutern und vertei-
digen sollen. Denken Sie an Ihre Stimmlage und den Sprachrhythmus und vielleicht an etwas Schönes. Schlagen Sie bei NLP unter „Ankern" nach.*

O

O wie Online-Bewerbung

Die Online-Bewerbung hat sich eindeutig durchgesetzt. Ein bekannter Personalberater bekommt pro Monat sicher einige Hundert sogenannte „Initiativbewerbungen" – österreichische Topunternehmen wie zum Beispiel OMV, Erste Bank oder der ORF liegen sicher bei einigen Tausend Bewerbungen. Spontane und/oder auf konkrete Positionen bezogen.

Wie mache ich auf mich aufmerksam?

Bewerber werden den Personalchefs umso sympathischer, je einfacher sie es ihnen mit ihrer Bewerbung machen. Jeder Personalist steht unter enormem Zeitdruck. Geübte Lebenslaufleser wissen ohnehin meist nach zwei Minuten, wie sie mit der Bewerbung weiterverfahren.

Wie soll die Bewerbung denn nun aussehen, damit es auch mit dem persönlichen Gesprächstermin klappt?

Die Personalberaterbranche ist sich in manchen Punkten absolut einig: ein klarer, übersichtlicher und chronologischer Lebenslauf ist absolute Pflicht. Ein Bewerbungsschreiben, in dem man sich für eine konkrete Stelle bewirbt, in dem man mit einigen Sätzen zeigt, dass man sich mit dem Unternehmen befasst hat und etwas von der eigenen Persönlichkeit durchscheinen lässt. Bekommt die Personalabteilung das Gefühl, dass es ein Bewerbungsschreiben ist, das an 58 andere Firmen genau so verschickt wurde, ist man sofort durchgefallen.

Werden Attachments beigefügt, sollten es keine allzu großen Dateien sein. Wenn Sie den PC des Personalchefs (oder meist seiner Assistentin) lahmlegen, werden Sie keine Pluspunkte sammeln können.

Kurz und bündig! Übersichtlich! Aussagekräftig! Das sind die Schlagworte und Eigenschaften, die Ihre Bewerbung kennzeichnen sollen. Ich würde auch keine Zeugnisse oder Bestätigungen als Attachment beilegen. Wenn Sie interessant sind, wird man Sie ersuchen, die eine oder andere Unterlage zum persönlichen Gesprächstermin mitzubringen oder vorab zu senden.

TIPP

Manchmal denkt sich der Personalberater „... das darf doch nicht wahr sein!"
Wir haben vor wenigen Jahren eine solche Bewerbung bekommen und
konnten es erst gar nicht glauben. Das Bewerbungsschreiben war
tatsächlich kurz und bündig:

Sehr geehrte Damen und Herren,
ich bewerbe mich um die ausgeschriebene Position „Head of Technical
Department". Meine Qualifikationen entnehmen Sie bitte den beigefügten
Dokumenten.
Es war kein Lebenslauf beigefügt, stattdessen acht Attachments – Zeugnisse.
Teilweise Ausbildung, teilweise Dienstzeugnisse.
Wir haben nicht schlecht gestaunt und uns gefragt, ob der Kandidat meint,
dass wir uns die relevanten Informationen selbst zusammenschreiben.
Was wir allerdings nicht gemacht haben, sondern uns lediglich für
die interessante Bewerbung bedankt haben.

O wie Osteuropa

Heute, anno 2009, ist Osteuropa weniger interessant als in der Boom-Phase. Prag, Budapest und Moskau sind nicht nur schöne Städte mit sympathischen Menschen, sondern auch „Objekt der Begierde" für internationale Konzerne. Es gibt keine großen Banken, Versicherungen, Handels- und Industrieunternehmen, die nicht in den goldenen Osten gegangen sind.

Es war ein Sprungbrett für die Karriere ganz nach oben. In Österreich in der zweiten, dritten und vierten Ebene, im Osten ein gut bezahlter Expatriate.

Die Zeiten haben sich gewandelt (schon vor drei bis vier Jahren). Hat man früher noch oft die „zweite Garnitur" in die Ost-Töchter entsenden müssen, weil sich nicht genug Topleute gemeldet haben, so ist es jetzt umgekehrt. Die jungen Ost-Manager in Polen, der Tschechischen Republik oder Ungarn sind ganz exzellent und westeuropäische Konzerne müssen auch wirklich Topleute entsenden, um sich dort nicht zu blamieren. Die oft belächelten Osteuropäer sind absolute Spitze geworden – sowohl die oben angesprochenen Polen und Tschechen, als auch die Kroaten und Slowenen. Hic et nunc herrscht Krise, die aber vorbeigehen wird – und jene Manager, die dann in diese Länder entsendet werden, werden interessante Aufgaben vorfinden und „gebeutelte" Märkte wieder aufbauen dürfen und müssen. So gesehen bleibt Osteuropa ein Karrieresprungbrett.

TIPP

Nützen Sie die Zeit, um sich entsprechend vorzubereiten.
Wer eine „Ost-Sprache" spricht, ist deutlich im Vorteil. Wer jetzt gerade
maturiert, könnte sich eventuell die Fachhochschule in Eisenstadt überlegen.
Die Fachhochschule für internationale Wirtschaftsbeziehungen hat einen
guten Ruf und jeder Absolvent hat eine „Ost-Sprache" erlernt.

P

P wie Pünktlichkeit

Wenn Sie einen Termin beim Personalberater haben: bitte seien Sie pünktlich. Pünktlich bedeutet tatsächlich pünktlich und nicht zehn Minuten zu früh oder fünf Minuten zu spät.

Es gibt kaum etwas Peinlicheres, als wenn der zu früh kommende Kandidat im ohnedies zu kleinen Wartezimmer auf andere Wartende trifft oder jene Kandidaten, die gerade ein Gespräch hatten.

Die Diskretion kann dann nicht mehr gewährleistet werden. Der Berater hat einen zusätzlichen Stress und der Bewerber einen Schrecken – Kenn ich den? Kennt der mich? Woher kenn ich den?

Also bitte pünktlich.

P wie „Political Correctness"

Über Political Correctness könnte man sehr lange diskutieren und über den Sinn des Begriffes streiten. Ich möchte über diesen Begriff hier nur im Zusammenhang mit dem Bewerbungsverfahren sprechen.

Political Correctness verbietet im Rahmen des Recruitings jede Form der Diskriminierung. Das Diskriminierungsverbot untersagt, Menschen wegen bestimmter Merkmale ungleich zu behandeln. Diskriminierung ist eine Benachteiligung oder Herabwürdigung einzelner, ohne dass es dafür eine sachliche Rechtfertigung gibt. Insbesondere sollen weder das Geschlecht, noch die sexuelle Orientierung, die ethnische Herkunft, die Rasse, Religion und Weltanschauung als Unterscheidungsmerkmale herangezogen werden.

Anders ausgedrückt: ich darf einen Bewerber für eine offene Position nicht aus dem Bewerberkreis ausschließen, weil er homosexuell ist. Natürlich darf ich auch einer Frau nicht absagen, weil sie eine Frau ist.

So weit so gut. Aber wie sieht die Realität aus?

Aus meiner Sicht beschämend und kaum zu glauben, dass wir anno 2014 leben. Die Heuchelei, was diese Frage anbelangt, scheint so alt wie die Personalwirtschaft selbst zu sein. Es steht meiner Meinung nach außer Frage, dass Frauen es doppelt so schwer haben und wesentlich mehr Einsatz und Erfolg zeigen müssen, als ihre männlichen Kollegen. Da nützt es überhaupt nichts, dass der Gesetzgeber zum Beispiel eine geschlechtsneutrale Textierung bei Insertionen vorschreibt. Der offizielle Absagegrund ist dann eben nicht das „falsche" Geschlecht, sondern die besseren Englischkenntnisse oder die Branchenerfahrung des Mitbewerbers.

Von Zeit zu Zeit – speziell am 8. März, dem internationalen Frauentag, erscheinen Statistiken, dass Frauen weniger verdienen als Männer und in den Führungsgremien unterrepräsentiert sind. Die Forderung nach einer Quotenregelung wird wiederholt und am 10. März ist wieder alles vergessen. Diese Situation ist bedauerlich, aber es ist natürlich auch nur schwer möglich einem Arbeitgeber vorzuschreiben, welchen Mitarbeiter bzw. welche Mitarbeiterin er einstellen soll oder muss. Mich hier weiter zu ereifern ist demnach wenig sinnvoll, aus diesem Grund verweise ich gleich auf meinen Tipp vom Profi, der diesmal ausschließlich den Leserinnen gewidmet ist.

TIPP

Um in der Karriere schneller voranzukommen, müssen Frauen sich einfach besser vernetzen. Nahezu alle relevanten Netzwerke sind männlich dominiert. Es gibt kaum Netzwerke für Frauen, oder zumindest gemischte. Ich persönlich plädiere für gemischte Netzwerke – zum Beispiel Rotarier oder Wirtschaftsclubs.

Noch ein Tipp:
Bereiten Sie das Bewerbungsgespräch professionell vor. Es kommen – direkt oder indirekt – ohnedies immer die gleichen Fragen. Beispiele gefällig?
> Wo sehen Sie sich privat und beruflich in fünf Jahren?
> Wer kümmert sich um Ihr Kind, wenn es krank ist?
> Wie würden Sie ein Team bestehend aus drei Männern führen?
> Glauben Sie, dass es leicht ist, ein Team bestehend aus drei Frauen zu führen?

Die Liste dieser, eher wenig durchdachten Fragen ließe sich noch recht lange fortsetzen. Behalten Sie Ihre Ruhe und Gelassenheit. Beantworten Sie die Fragen bestimmt und lassen Sie sich nicht anmerken, dass Sie sich ärgern.

SELBST ERLEBT

Der Wunsch nach Gerechtigkeit und Chancengleichheit kann natürlich auch zu kuriosen Situationen führen. Anlässlich einer Podiumsdiskussion, zu der ich auch eingeladen war, hat sich eine Personalistin dafür ausgesprochen, dass auf dem Lebenslauf weder Foto, noch Geburtsdatum stehen sollten. Der Einwurf aus dem Auditorium, dass man das Geburtsdatum ganz leicht errechnen kann, sofern man das Maturajahr kennt, quittierte sie mit den Worten „ich würde überhaupt alle Daten weglassen". Auf einen weiteren Zuruf, ob sie da auch die Dauer der jeweiligen Beschäftigungen inkludieren würde, ist sie dann allerdings nicht mehr eingegangen. Vielleicht weil ihr bewusst wurde, dass sie auf diese Art und Weise das Doppelte und Dreifache an Bewerbungen bekommen würde.

P wie Praktikum

Einiges wurde schon bei F wie Ferialpraktikum gesagt, aber viele junge Damen und Herren finden nach Beendigung des Studiums keinen adäquaten „Job" und machen so ein Praktikum nach dem anderen. Da sechs Monate, dort drei Monate und dann wieder einen Monat und so weiter. Nur das hat mit dem ursprünglichen Ferialpraktikum genau genommen nichts zu tun.

Ich kann mich erinnern, als anlässlich einer Vorlesung meine Studenten sehr verwundert und teilweise empört waren, als ich ihnen eines meiner Lieblingszitate zum Besten gab. Es handelt sich um ein Zitat von La Fontaine aus „Les Fables": „Si ce n'est pas toi – c'est ton frère!" (Wenn es du nicht bist – ist es dein Bruder.) Es kam zu diesem Zitat, als ich von der Schwierigkeit sprach, die Studenten voneinander zu unterscheiden. Die Gruppe, die mir an der FH Burgenland zuhörte, hatte dieselbe Fremdsprache gewählt und alle Studenten hatten sich für dieselben Studienschwerpunkte entschieden. Also was unterscheidet den Absolventen A vom Absolventen B?

Die erste Information, die der Personalist in Händen hat, ist der Lebenslauf, idealerweise mit Foto. Da gibt es relativ wenig Unterscheidungsmerkmale. Also wodurch kann sich A von B positiv unterscheiden oder interessant machen? Einer der wichtigen Punkte ist das Praktikum – und zwar nicht das Pflichtpraktikum, das jemand machen muss, sondern jenes Praktikum, das jemand macht, um etwas Geld zu verdienen oder in seinen künftigen Traumberuf hinein zu schnuppern. Bis hierher war es für die Studenten noch nachvollziehbar. Der Umstand, dass ein Praktikum wertvoll sein kann, war rasch akzeptiert. Dann kam meine Frage, was sie wohl glauben würden, welche Praktika besonders wertvoll wären. Die Antworten waren wenig kreativ, besonders häufig genannt wurden „wichtig" klingende Jobtitel in besonders renommierten Unternehmen – zum Beispiel im Produktmanagement von Unilever oder im Treasury der Erste Bank.

Natürlich sind das tolle Unternehmen und die Aufgaben klingen spannend. Noch viel spannender sind allerdings Jobs wie Kellnerin oder Briefträger – Jobs, die viel mit Menschen zu tun haben und wo die Kommunikation im Vordergrund steht. Das mag erstaunen, aber genau betrachtet, sind diese Jobs auch die schwierigeren – mit wem hat es die Kellnerin zu tun? Mit wem muss sich der Kellner auseinandersetzen und dabei stets sachlich bleiben? Es sind jene Gäste, die meinen, dass sie zu lange auf das Schnitzel warten mussten, der Kaffee zu teuer ist, das Bier zu warm oder der weiße Spritzer zu sauer. Es sind jene Situationen, wo sich der so angesprochene Student denkt: „Du Vollkoffer, du Banause, wenn es frisch gemacht wird, dauert es eben länger" oder „Du kannst ja Eiswürfel in dein Bier geben" aber sagt: „Das tut mir leid, ich werde es der Küche gleich sagen" oder „Entschuldigen Sie bitte, ich bringe Ihnen sofort ein Neues!". Das nennt sich dann später Beschwerdemanagement oder De-Eskalation.

Der Jungakademiker steht oft im Ruf, sich für etwas Besseres zu halten oder für „echte Arbeit" unbrauchbar zu sein. Praktika sind gute Möglichkeiten, zu beweisen, dass man kommunikativ ist, dass man kunden- und serviceorientiert arbeiten kann und man theoretisches Wissen gut mit der Praxis vereinen kann. Ein einziges Praktikum, und das in der Rechtsabteilung des ORF, wird wenig dazu beitragen, sich als dynamischer, kreativer und einsatzfreudiger Jung-Akademiker zu präsentieren. Ein Jahr Kellner, das nächste Jahr in der Buchhaltung der UNIQA und dann im Produktmanagement von Masterfoods macht schon mehr Sinn – wenn Sie verstehen, was ich meine.

Bleibt natürlich – ganz grundsätzlich – die Frage ob man auch auf Entlohnung verzichten sollte, um ein besonders interessantes Praktikum machen zu können? Immer öfter höre ich von Praktikanten, dass sie am Monatsletzten statt Geld (das eventuell und auch nur sehr vage in Aussicht gestellt wurde) einen festen und warmen Händedruck erhalten haben. Ich persönlich meine, dass es eine Frechheit ist und kein gutes Licht auf ein Unternehmen wirft, wenn gar nichts oder nur ganz wenig für eine faire Leistung bezahlt wird.

Q wie Quereinsteiger

Quereinsteigen in eine Branche ist ein beliebtes Thema. Jemand ist 40 Jahre jung und war (zum Beispiel) stets im Bankbereich – und zwar im Privatkundensektor – und möchte nun, weil das schon immer eine (geheime) Leidenschaft war, in die Tourismusbranche.

Sollte doch kein Problem sein, oder? In beiden Fällen hat man mit Kunden zu tun, arbeitet eng mit den Kunden zusammen und geht auf deren Wünsche und Bedürfnisse ein. Also sollte es wirklich kein Problem sein.

Es ist aber eines – und kein kleines. Bleiben wir kurz bei dem Beispiel. Ein versierter Privatkundenbetreuer einer österreichischen Großbank wird sicher nicht unter 70.000 Euro brutto per annum verdienen. Die Tourismusbranche ist (leider) eine Branche, die traditionellerweise vom Gehalt her eher unterdurchschnittlich liegt. Also warum sollte ausgerechnet ein Quereinsteiger 70.000 Euro brutto per annum bekommen?

Jeder Dienstgeber, speziell in wirtschaftlich schlechteren Zeiten, will sein Risiko minimieren (er muss ja schließlich auch jemandem seine Entscheidungen erklären). Warum sollte er jemanden einstellen, von dem er nicht weiß, ob er die Aufgabe auch lösen kann?

Quereinsteiger haben es schwer und ohne „Opfer" bringen zu müssen wird das Projekt Branchenwechsel nicht wirklich funktionieren.

Bei einem Branchenwechsel empfiehlt es sich – noch bevor Sie sich bewerben – eine relevante Zusatzausbildung zu machen und Kurse zu besuchen. Sie müssen Ihr echtes und nachhaltiges Interesse bekunden. Gehen Sie davon aus, dass Sie in puncto Gehalt einen Schritt zurück machen müssen, denn für gleich hohe Gehälter nimmt der Personalentscheider lieber jemanden, der die Branche und die Usancen kennt.

TIPP

 R

Darf es das R wie Rauchen noch geben?

Chicago 1930. Die Zeit der Prohibition. Alkohol strengstens verboten. Glaubt man den Erzählungen und Statistiken von damals, ist noch nie soviel getrunken worden wie in dieser Zeit.

Heute ist nicht Alkohol, sondern Nikotin das Thema. Rauchen ist in den meisten Büros strengstens verboten. Ob im Büro oder Lokal – die Zigarette ist tabu.

Bedeutet das, dass nicht mehr geraucht wird? Ich glaube nicht. Auf der Straße hält jeder zweite eine Zigarette in der Hand. Viele Raucher stehen vor dem Hauseingang – eine Zigarette in der Hand. Es bilden sich wahre Rauchergemeinschaften. Raucher aus den verschiedensten Büros lernen einander kennen – oft nach jahrelanger Tätigkeit im selben Gebäude. Hat man sich früher im Lift oder Treppenhaus ein flüchtiges „Tag" oder „Grüss Gott" zugerufen, spricht man heute oft eine „Zigarettenlänge" mit Menschen, die einem vor drei, vier Stangen Zigaretten noch fast unbekannt waren. Man spricht über ganz persönliche Erfahrungen und Details aus dem Berufsleben.

Man kann also mit Fug und Recht behaupten, dass das Rauchverbot in den Büros die Kommunikation unter den Mitarbeitern/innen und zwischen Unternehmen wesentlich belebt hat.

Aber wie kommt dieses Verhalten bei den nicht rauchenden Führungskräften an? Die Antwort ist einfach und besteht aus einem Wort: schlecht. Pro Stunde eine Zigarette, mit An- und Abmarsch zum oder vom Rauchertreff macht pro Tag/Woche/Monat einiges an Arbeitszeit aus.

Man kann es drehen und wenden, wie man es will – die Raucherpause stört die Konzentration aller Beteiligten. Die, die gerade nicht auf Rauchpause sind, müssen darüber informiert werden, dass der Raucher gerade nicht erreichbar ist, das Telefon nicht abnehmen kann und so vieles mehr. Jene, die nun die Anrufe entgegennehmen, werden sich natürlich als guter Kollege präsentieren und keinen Kommentar abgeben, aber der Unmut wird wachsen.

Versuchen Sie, sich einzuschränken. Rauchen Sie nicht mehr als ein bis zwei Zigaretten, wenn es unbedingt sein muss. Die Nichtraucher-Kollegen und -Chefs beobachten genau, wie oft Sie sich „davonstehlen".

Vor einigen Wochen hatte ich ein Gespräch mit einem jungen Kandidaten für die Position „Beteiligungs-Controlling". Als Nichtraucher ist mir sofort aufgefallen, dass mein Gesprächspartner starker Raucher sein muss – das war nicht zu „überriechen".
Der Kandidat war relativ nervös, da er relativ unerfahren war, was Bewerbungsgespräche anbelangt. In diesem Moment dachte ich mir noch nichts dabei und das Gespräch verlief in den klassischen Bahnen. Auch wie gewohnt stellte ich dem Kandidaten obligat die Frage: „Haben Sie dazu noch Fragen?". Er schaut mich mit großen Augen an, öffnet den Mund und sagt: „Nein, alles klar."
Das Gespräch war relativ rasch beendet. Ich brachte ihn, wie ich das bei all meinen Gesprächspartnern tue, zur Tür und ging schließlich in mein Büro zurück. Ich öffnete die Balkontür, um zu lüften, und schaute hinunter auf die Straße. Wenig später kam mein Kandidat um die Ecke und ich sah noch, wie er den letzten Rest seiner Zigarette wegwarf.
Es gibt natürlich Raucher und Raucher, aber dieser hier war sicher extrem. Er benötigte nur zwei Stockwerke und etwa 101 Meter Gehsteig, um eine ganze Zigarette zu rauchen. Da muss man als Berater genau darauf achten, ob dieses Verhalten von jedem Team ohne Weiteres akzeptiert wird.

R wie Referenzen

Referenzen sind das A und O der Karriere. Sie werden eingeholt und geben Auskunft über Sie. Es ist entweder der Headhunter, der Sie prüft, oder direkt die Person, bei der Sie sich bewerben. Referenzen zählen viel. Sie zählen oft mehr als Zeugnisse. Die Amerikaner nennen sie „to whom it may concern" – der Inhalt entspricht eins zu eins dem klassisch österreichischen Empfehlungsschreiben.

Was steht nun so in einem Referenzschreiben?

Wer bin ich, welche Funktion habe ich und was kann ich über Herrn X oder Frau Y aussagen. Das können sehr persönliche Dinge sein, aber auch (und das ist der Regelfall) sehr professionelle.

TIPP

Speziell für junge Leute sind Referenzschreiben wichtig – denn wie soll sich ein Absolvent einer bestimmten Universität von einem anderen Absolventen derselben Universität unterscheiden? Sicher ist, dass nicht alle Studenten/ Absolventen an das Referenzschreiben gedacht haben.

Ein weiterer Tipp zu diesem Thema:
Referenzschreiben helfen ebenso ein wenig, die eine oder andere Lücke im Lebenslauf zu schließen. Zu sagen, dass man zwischen zwei Engagements einige Projekte gemacht hat, ist die eine Sache – diese zu belegen die andere. Sie mit einem „to whom it may conern" zu beweisen die ungleich bessere Sache!

Wer schreibt Ihnen eine Referenz?

Hier gibt es viele Möglichkeiten: Ihr Chef, Ihr Ex-Chef, ein wichtiger Geschäftspartner, Ihr Universitätsprofessor oder jemand mit dem Sie zwar beruflich weniger zu tun haben, der aber über einen hohen Bekanntheitsgrad in Ihrer Branche
verfügt und Sie persönlich gut kennt.

BEISPIEL FÜR EIN REFERENZSCHREIBEN

Wien, 22. 1. 2008

To whom it may concern

*Arthur Hunt ist eines der größten europäischen Executive-Search-Unternehmen mit
eigenen Niederlassungen in elf Ländern. Das Unternehmen beschäftigt sich nahezu
ausschließlich mit der Suche und Auswahl von Führungskräften und Spezialisten.*

*In manchen Fällen werden wir von unseren langjährigen Kunden auch mit
äußerst interessanten Beratungsprojekten, die den Rahmen der klassischen
Personalberatung sprengen, beauftragt. Diese Projekte werden dann gemeinsam
mit Experten und Spezialisten durchgeführt und Arthur Hunt übernimmt die
Rolle des Begleit- und Kommunikationspartners des Auftraggebers.*

*Eines der interessantesten dieser Projekte der letzten Jahre war jener Auftrag, für
ein in Österreich noch nicht präsentes Unternehmen der Luxus-Branche den Markt
zu analysieren und ein Strategiepapier auszuarbeiten. Diesen Auftrag haben wir
nach Rücksprache mit unserem Kunden an Frau Mag. Barbara Schmitt
weitergeleitet. Frau Mag. Schmitt hat innerhalb der letzten sechs Monate ein
komplettes Markteinführungskonzept erstellt – von der Analyse der Marktsituation,
über die Beschreibung möglicher Distributionskanäle, bis hin zu einem
provisorischen Budget für das erste Geschäftsjahr.*

*Für ihr Engagement und das Einbringen ihrer Fachkompetenz sowie die
Darstellung der Mechanismen des österreichischen Marktes, hat Frau Mag. Schmitt
von unserem Kunden höchste Anerkennung erhalten.*

*Da dieses Projekt aus verständlichen Gründen strengster Geheimhaltung
unterliegt, bin ich gebeten worden, diese Referenz zu formulieren, um
die Anonymität des Kunden zu gewährleisten.*

Auch in unserem Namen möchte ich Frau Mag. Schmitt herzlich danken!

Mag. Jacques A. Mertzanopoulos
Geschäftsführender Gesellschafter

R wie Rhetorik

Den Azteken sagt man nach, dass sie ein und dasselbe Wort für Redner und Häuptling verwendeten. Das ist nicht uninteressant ... Natürlich ist das von Kulturkreis zu Kulturkreis verschieden, aber wie sieht das bei uns in Europa oder den USA aus?

Topmanager, die große Schweiger sind, gibt es eher selten. Große Redner, die zu Topmanagern oder zumindest zu Führungskräften der zweiten Ebene ernannt werden, gelten hingegen fast als die Regel. Daher der Tipp vom Profi ...

Üben Sie Reden!
Vor allem, wenn Sie wissen, dass Sie eher der ruhige Typ sind.
Es gibt Menschen, die bekommen feuchte Hände, wenn sie wissen,
dass sie eine Rede bzw. einen Vortrag halten müssen. Schon in
der Schulzeit kam die Nervosität auf, wenn die Gefahr bestand,
in der nächsten Stunde aufgerufen zu werden.

Reden und Präzisieren können ist enorm wichtig – jede Arbeitsgruppe
möchte, dass die erarbeiteten Ergebnisse und Resultate gut und professionell
präsentiert werden. Reden und Präzisieren können ist ein wichtiger Teil
des „Selbstmarketings" und nur wer sich selbst gut verkaufen kann,
hat Chancen auf Karriere. Sie sollten bedenken, dass es sehr wenige
wortkarge Mitarbeiter die Karriereleiter empor geschafft haben.

Üben Sie sich zu artikulieren. Stellen Sie im Rahmen von Vorträgen oder
Seminaren Fragen. Trauen Sie sich, über Ihren Schatten zu springen.
Halten Sie bei kleinen Festen eine kurze Rede. Das freut nicht nur
die Gäste, sondern es gibt Ihnen auch in einem geschützten Bereich
die Möglichkeit, die Aufmerksamkeit auf sich zu lenken. Das ist keine
leichte, aber dennoch eine wichtige Übung.

S

S wie Sabbatical

Das Sabbatical ist ein Arbeitszeitmodell für einen längeren Sonderurlaub. Natürlich stammt der heute verwendete Begriff aus den USA und steht entweder für ein Jahr der Teilzeitarbeit oder ein Jahr der Auszeit.

Viele Dinge funktionieren in den USA sehr gut, bei uns in Good Old Europe funktionieren sie schon weniger und im konservativen Österreich schon gar nicht.

Natürlich ist es für denjenigen der das Jahr oder die Auszeit in Anspruch nimmt eine tolle Sache, aber das Unternehmen sieht es meistens anders. Die Position kann nicht freigehalten werden, die Beispielwirkung auf die Kollegen ist auch nicht gut und überhaupt: „Ich/Wir können ja auch keine Auszeit nehmen!" Der Neid spielt wieder einmal eine Rolle und (relativ) neu ist es auch.

Heute, anno 2014, rate ich Ihnen davon ab – es sei denn Sie gehen ohnedies davon aus, dass Sie sich einen neuen Job suchen wollen. Ein Sabbatical kann Ihnen persönlich und Ihrer Familie viel bringen und ist daher eine gute Sache. Sie können zum Beispiel Zeit mit der Familie verbringen, sich weiterbilden, einen Film drehen oder gar ein Buch schreiben. Sie können persönlich stabiler und ausgeglichener werden – mit einem Wort, es kann eine tolle Zeit werden. Für die Karriere ist es oft nicht ratsam. Vielleicht ändert sich das in den nächsten Jahren. Vielleicht steht in der dritten Auflage dieses Buches: „Nehmen Sie sich doch ein Jahr für sich – nehmen Sie ein Sabbatical!"

Vor 20 Jahren wurde über Zivildiener gelächelt, noch vor wenigen Jahren über in Karenz gehende Väter, heute ist beides fast selbstverständlich. Vielleicht ist auch das Sabbatical in einigen Jahren selbstverständlich.

S wie Sex am Arbeitsplatz

Wenn Fußball die wichtigste Nebensache der Welt ist, was ist dann Sex? Es gibt alle Jahre die berühmten Statistiken, die belegen sollen, wie viele Menschen sich am Arbeitsplatz in ihren zukünftigen Lebensabschnittspartner verlieben. Die Statistik zeigt ebenso, wie viele Eheleute sich am Arbeitsplatz kennengelernt haben – und die Zahlen sind beeindruckend. Also kann man getrost davon ausgehen, dass es ihn gibt – den Sex am Arbeitsplatz. Aber wie wirkt er sich auf die Karriere aus? Gibt es die in Hollywood zitierte Besetzungscouch auch in unseren Breiten? In unseren Banken, Versicherungen, Industrie- und Handelsunternehmen? Wohl kaum.

In den letzten 20 Jahren meines Personalberaterberufslebens habe ich vielleicht zwei- oder dreimal eine Geschichte gehört (und selbst da weiß man nicht, ob die Geschichte nicht nur ein „G'schichtl" ist), dass eine Mitarbeiterin schneller Karriere gemacht hätte, weil sie ein Verhältnis mit dem Chef gehabt hat. Vom Fall, dass ein männlicher Mitarbeiter von einem solchen Verhalten karrieremäßig profitiert hätte, habe ich allerdings überhaupt nie gehört – was auch einiges über unsere Gesellschaft aussagt. Resümierend kann man sagen, dass – was die Karriere anbelangt – Sex am Arbeitsplatz eher bremsend wirkt.

Wird es publik – und das wird es in den allermeisten Fällen –, hat es für die Beteiligten eher negative Konsequenzen: Versetzungen, Mobbing oder im besten Fall Klatsch und Tratsch. Das Ungerechte daran ist, dass Frauen mehr darunter zu leiden haben als Männer. Darum lassen Sie es lieber sein, wenn es nicht unbedingt sein muss!

S wie Small Talk

Das große Rezeptbuch der Karriere sieht Folgendes vor: „Man networke gehörig, tausche in gerütteltem Maße Visitenkarten, telefoniere professionell nach, mache Folgetermine und dem nächsten Karriereschritt steht nichts mehr im Weg."

Wenn das nur so einfach wäre. Networken, Visitenkarten tauschen und telefonieren hört sich ja wirklich einfach an, sofern man gut im Small Talk ist. Das sind aber die wenigsten. Die einen trauen sich einfach nicht, die anderen finden es banal, über das Wetter zu reden, und wieder andere stehen auf dem Standpunkt, wenn sie nichts zu sagen haben, reden sie einfach nicht. Und so ist das Feld jenen überlassen, die immer etwas zu sagen wissen. Wer redet, kommt ins Gespräch!

Wie heißt es so treffend bei der „Sendung mit der Maus"? „Klingt komisch, ist aber so." Small Talk will gelernt sein. Eine Übung, der sich jede und jeder unterziehen muss, der/die Karriere machen will. Die Zeiten des großen Schweigens à la Humphrey Bogart sind vorbei.

S wie Social Networks

Über den Wert und die Wichtigkeit von Social Networks braucht man heutzutage nicht mehr diskutieren. Diese Netzwerke sind äußerst wichtig und Mitglied zu sein bringt auf lange Sicht Vorteile.

Aber eben das Wort auf „lange Sicht" ist von Bedeutung. Wer heute einem Netzwerk beitritt, wird im wahrsten Sinne des Wortes morgen noch keinen Vorteil daraus ziehen können. Die Einzigen, die davon sehr rasch profitieren, sind die Druckereien – der Absatz von Visitenkarten durch das zum Ritual gewordene Tauschen explodiert in kürzester Zeit.

Man muss sicher einmal Leistung und Einsatz bringen, bevor man es wagen kann, an Vorteile zu denken. Wenn das aber zu mühsam ist, kann durchaus auf virtuelle Netzwerke à la Xing, facebook oder LinkedIn ausgewichen werden. Oder?

Nein, kann nicht. Diese Netzwerke im World Wide Web ergänzen, aber substituieren nicht. Wer 999 Kontakte im Xing hat, davon aber keinen Einzigen persönlich kennt oder persönlich getroffen hat, wird für seine Karriere nichts tun.

Für beide Arten von Netzwerken gilt: Nur wer sich einbringt und auf sich aufmerksam macht, hat die Chance, einen Vorteil für seine Karriere zu erarbeiten.

Seien Sie lieber nur bei zwei, maximal drei Netzwerken präsent, dafür aber wirklich. Investieren Sie Zeit, manchmal auch Geld, und engagieren Sie sich, damit es sich auch rechnen kann. Ansonsten ist es besser, Sie sparen sich die Mitgliedsbeiträge und spenden den Betrag an eine karitative Organisation.

123People oder Xing und viele andere sind interessant, bringen aber, sofern man diese Kontakte nicht persönlich kennt, gar nichts. Ebenso wenig wie die Karteileichen im Cartellverband, BSA (Bund sozialdemokratischer Akademiker) oder bei den Rotariern.

S wie soziale Kompetenz oder auch Soft Skills

Bei dem Begriff „soziale Kompetenz" handelt es sich um eine mehr als unscharfe und relativ schwer zu definierende Eigenschaft, denn es gibt keine Methode, um die soziale Kompetenz einer Person zu messen. Es ist wie bei den Autofahrern – es gibt nur gute Fahrer. Oder haben Sie schon einen Autofahrer getroffen, der von sich sagt, viel, aber schlecht zu fahren?

Mit der sozialen Kompetenz verhält es sich nicht anders. Wir sind umgeben von sozial kompetenten Menschen und selbst sind wir natürlich auch sozial kompetent. Soziale Kompetenz, häufig auch „Soft Skills" genannt, bezeichnet eine Ansammlung von persönlichen Fähigkeiten und Einstellungen, die dazu führen, das eigene Handeln von einer individuellen auf eine gemeinsame Handlungsorientierung hin auszurichten. „Sozial kompetentes" Verhalten verknüpft die individuellen Handlungsziele von Personen mit den Einstellungen und Werten einer Gruppe, entweder indem sich jemand in eine Gruppenstruktur auf akzeptierte Weise einordnet oder indem jemand Personen zu einer erfolgreichen Gruppe organisiert.

Sie merken schon, in welche Richtung es geht und wo soziale Kompetenz besonders gefragt ist: Bei Führungskräften und Teamleadern im Allgemeinen.

Welche der oft zitierten und gewünschten Soft Skills sind besonders wichtig? Da gehen natürlich die Meinungen auseinander. Für mich persönlich sind die folgenden neun Eigenschaften und Fähigkeiten im Zusammenhang mit Managementaufgaben von besonderer Bedeutung:

> Selbstbeobachtung
> Teamfähigkeit
> Kommunikationsfähigkeit
> Empathie (Mitgefühl bzw. Einfühlungsvermögen)
> Kritikfähigkeit
> interkulturelle Kompetenz
> Vorbildfunktion
> emotionale Intelligenz
> Engagement

Es ist wie beim Kegeln: hat man alle neun, ist man ganz vorne mit dabei.

Selbstbeobachtung steht nicht zufällig an erster Stelle. Schauen Sie kritisch in den Spiegel und betrachten Sie sich in Ruhe und mit Gelassenheit und dann versuchen Sie jeder der oben erwähnten Eigenschaften ein eigenes Erlebnis oder eine Erfahrung zuzuordnen.
Zum Beispiel: Wie haben Sie reagiert, als Sie beinhart kritisiert wurden? Sind Sie schon privat oder (idealerweise und) beruflich mit Damen und Herren aus dem Ausland auf ein Bier gewesen? Kommen Sie bei Ausländern an?

S wie Sotirios

Mein Großvater war der Älteste von sage und schreibe elf Brüdern. Mit fünf seiner Brüder ist er, ohne ein Wort Französisch zu sprechen, nach Paris ausgewandert – mit dabei, seine betagte Mutter. An der Sorbonne – mein Großvater war Coiffeur – hat er den Studenten gratis die Haare geschnitten und im Gegenzug haben sie ihm Französisch beigebracht. Nach kürzester Zeit sprach er die Sprache sehr gut und vielleicht sogar besser, als so mancher in Paris Geborene. Ziemlich genau zehn Jahre später war er Besitzer eines eigenen Frisiersalons und eines kleinen Restaurants mit acht Gästezimmern. Sie fragen sich, warum ich Ihnen seinen Teil meiner Familiengeschichte erzähle? Mein Großvater war ein mutiger und sehr fleißiger Mann und das sind die Eigenschaften – vielleicht sogar die wichtigsten Eigenschaften – die man für eine Karriere braucht. Mut ist ganz wichtig. Man braucht Mut, um einen Sprung ins kalte Wasser zu wagen. Man muss etwas riskieren. Völlig ohne Risiko geht es nämlich nicht. Wer zu Hause sitzend auf den Karriere-Jackpot wartet, wird lange warten. Es braucht Mut, ins Ausland zu gehen, es braucht Mut, sich selbstständig zu machen, aber es braucht genauso Mut, zu kündigen und bei einer neuen – vielleicht noch nicht ganz etablierten Firma zu beginnen. Die Bereitschaft, ein (kalkuliertes) Risiko einzugehen, ist oft die Voraussetzung für eine Karriere. Selbstvertrauen und Fleiß, Ausdauer und Mut, das sind Eigenschaften, die eine Führungskraft braucht, aber auch jede und jeder, die sich einen Wunsch, einen Lebenstraum erfüllen möchten – so wie mein Großvater, der – aus dem damals wie heute – wirtschaftliche angeschlagenen Griechenland flüchten wollte. Die Wirtschaft in Griechenland hat sich, in nahezu 100 Jahren, nur unmerklich verändert, aber auch die charakterlichen Voraussetzungen sind ebenso unverändert. Also seien Sie mutig!

S wie soziale Erwünschtheit

Soziale Erwünschtheit ist ein Störfaktor bei Befragungen in Sozialwissenschaft und Marktforschung und somit eine Verzerrung. Soziale Erwünschtheit liegt vor, wenn Befragte Antworten geben, von denen sie glauben, sie träfen eher auf Zustimmung als die korrekte Antwort und würden ihre Chancen auf Erfolg erhöhen.

Bei einer Antwort, die eher ihrer Meinung entspricht, befürchten sie soziale Ablehnung beziehungsweise Misserfolg. Die soziale Erwünschtheit ist im Rahmen eines Recruiting-Gespräches ein echtes Problem. Der Recruiter stellt sich naturgemäß die Frage: Ist das seine Meinung oder sagt er das, weil er denkt, dass es meine Meinung sein könnte?

Anno 2014 sind wir alle (wieder einmal) jung, dynamisch, gegen das Rauchen, für strengere Tempolimits auf den Straßen. Wir sind für Obama und gegen Bush, wir sind gegen die Börsenspekulanten und für Ausländer . . . all das ist ja schön und gut. Aber wenn ich im Bewerbungsgespräch einem Raucher (der gerade eben keine Zigarette raucht) gegenübersitze, mit dem ich später nahezu keinen Kontakt habe, ihm aber, weil gerade modern, erzähle, wie ungesund Rauchen ist, wird sich das auf das Gespräch negativ auswirken. Er wird sicher nicht sagen: „Den Kandidaten nehme ich nicht, weil er gegen Rauchen ist", aber das Unterbewusstsein wird mich als weniger sympathisch einstufen. Das kann schon das Ende des Bewerbungsprozesses sein, auch wenn es nicht ausgesprochen wird.

Natürlich stellen wir sehr oft Fragen nach den Hobbies. Da kommt naturgemäß oft das Reisen vor. Da blicken mich sehr oft Kandidaten mit einem verschmitzten Lächeln an und meinen, dass ihr Lieblingsreiseziel Griechenland wäre. Schließlich will man dem Personalberater ja eine kleine Freude machen und wenn der Personalberater auch noch Mertzanopoulos heißt, ist die Sache ja nahezu aufgelegt. Das Pech an der Geschichte ist, dass besagter Mertzanopoulos eigentlich Franzose ist, seit einer Ewigkeit in Wien lebt und in seinen ersten 50 Lebensjahren ein einziges Mal in Griechenland war, kein Wort Griechisch spricht und ihm Griechenland genauso nahe und am Herzen liegt wie Norwegen. Wenn man schon am Klavier der sozialen Erwünschtheit spielen möchte, muss man sich vorher genau erkundigen, mit wem man worüber spricht.

Im Rahmen des Bewerbungsgespräches ist es klüger abzuwarten und sich mit allgemeinen Statements zurückzuhalten. Seien Sie so professionell wie möglich und schneiden Sie nicht unnötig ein vielleicht heikles Thema an. Zum Beispiel „In der Innenstadt sollte Autofahren verboten sein."

Anmerkung für den geneigten Leser zum Abschnitt „soziale Erwünschtheit": Ich bin Nichtraucher, aber leidenschaftlicher Autofahrer. Sehe mich als Wiener, als Franzose, aber nicht als Grieche.

S wie Studium

Matura, was nun? Die Frage aller Fragen: Soll ich studieren? Wenn ja, was? Und wo? Inland oder Ausland? Uni oder FH? Aus der Sicht der Personalberater ist es nicht entscheidend, was man wo studiert, sondern eher wie lange und mit welchen Highlights!

An der WU in Wien zu studieren, 18 Semester zu benötigen und eine „Wald-und-Wiesen-Diplomarbeit" zu schreiben ist nicht unbedingt ein Karriere-Booster. Während des Studiums „Punch" und Interesse zu zeigen, schnell und wenn möglich international zu sein – das bringt viel eher etwas. Österreich ist ein Land der Titel, da macht sich ein akademischer Titel sicher gut. Aber wie gesagt, es kommt auf das „wie" und „wie lange" an.

Topführungskräfte in der österreichischen Wirtschaft haben oft etwas ganz anderes studiert, als man vermuten würde. Geschichte, Philosophie, Kommunikationswissenschaft oder Wirtschaftspädagogik sind Studienrichtungen, die interessante Perspektiven eröffnen und Sichtweisen ermöglichen, die für eine spätere Karriere in der sogenannten Privatwirtschaft wertvoll sind. Natürlich bieten WU-Studien oder ein Jus-Studium eine gute Voraussetzung für einen tollen Karrierestart, aber gerade hier zählt die Zeit – wer zehn Jahre lang studiert, macht selten Karriere.

Schüler, die sich selbst nicht gut organisieren können, schaffen dennoch die Matura – Organisation und Disziplin sind keine Maturafächer, ebenso wenig wie Selbstmotivation und Networking. Wem aber das alles fehlt, sollte sich statt einem Universitätsstudium ein FH-Studium ernsthaft überlegen. Die FHs haben in den letzten Jahren stark an Image und Prestige gewonnen und vom Lehrstoff her sind sie ohnehin exzellent. Das Ende des Studiums ist sozusagen vorprogrammiert – in der Regel fünf Jahre und man hat seinen Abschluss. Davon kann der durchschnittliche WU-Student nur träumen.

S wie Studium – um sicherzugehen

Es ist noch nicht allzu lange her, da galt ein abgeschlossenes Studium als Garant für einen guten Start in die große Karriere. Ein wenig später war es der Start in eine Karriere. Und heute? Heute ist ein abgeschlossenes Studium möglicherweise eine gute Ausgangsposition, wobei möglicherweise schon eine starke Aussage ist – ohne Studium geht heute nichts mehr, und wenn Studium, muss es ein sehr gutes sein (siehe W wie „Wahl des Studiums").

Viele junge Menschen wissen nach der Matura nicht, was sie tun sollen. So wird halt studiert mit der Hoffnung, dass sich während des Studiums die Begabungen und Interessen zeigen werden. Diese Strategie hat vor 20 Jahren noch funktioniert, da es weit mehr interessante Positionen und weniger Akademiker gab als heute. Es scheint, als wäre die Bildungs- und Ausbildungsschere weiter aufgegangen. Es gibt heute viele top ausgebildete Damen und Herren und gleichzeitig viel mehr, die gerade noch schreiben und lesen können – die „Bildungsmittelschicht" wird immer dünner.

___ T ___

T wie Tattoo

Tätowierungen und Piercings sind Privatsache, die grundsätzlich dem Persönlichkeitsrecht unterliegen. Laut Gesetz darf das Unternehmen den Körperschmuck nicht verbieten. Die Arbeitswelt wird allerdings weniger vom Buchstaben des Gesetzes geregelt, sondern mehr von den vielen informellen Spielregeln und somit von den ungeschriebenen Gesetzen. Oft entscheidet beim Bewerbungsgespräch der erste Eindruck darüber, ob ein Mitarbeiter „ins Team passt", selbst in Kreativberufen. Begründet wird eine Ablehnung selten mit der auffälligen Tätowierung, sondern meist mit Kompetenzzweifeln. In Branchen mit regelmäßigem Kundenverkehr sind Tätowierungen nur innerhalb der sogenannten „T-Shirt-Grenze" erlaubt und auch das nicht immer.

Österreich ist sehr konservativ (auch wenn das die Österreicher nicht zugeben wollen, es ist so). Mit dem Tattoo ist es wie mit facebook (siehe F wie facebook): das Beste, das man sich davon erwarten kann, ist, dass es der Karriere nicht schadet. Wenn man nicht Tattoo-Modell werden will, nützt es auf keinen Fall.

Früher galt die Tätowierung als typisch für Matrosen, Kriminelle oder eben für Menschen, die bewusst provozieren wollten und sich ebenso bewusst außerhalb des sogenannten Establishments positionieren wollten. Seit gut und gerne 20 Jahren sind es vor allem Sportler, Sänger und Schauspieler, die ihre Tätowierungen nahezu zelebrieren – und so mancher Jugendliche hofft, durch seine „coolen Tattoos" eine ähnliche Anziehungskraft auf das andere Geschlecht zu haben wie ein David Beckham oder eine Angelina Jolie. Der Unterschied ist nur, dass eine Jolie oder ein Beckham keine Bewerbungsgespräche führen müssen und so viel Geld haben, dass sie völlig unabhängig sind.

Darum prüfe, wer sich ewig „verschönert"! Damit kein Missverständnis entsteht: das soeben Gesagte gilt für unseren Kulturraum. Dass die Tätowierung in vielen Ländern einen religiösen Charakter haben kann oder tief in der Kultur des Landes verwurzelt ist, ist auch klar.

T wie Test

Das Wort „Test" hat schon einen leicht negativen Beigeschmack. Tests in der Schule, Tests an der Uni und eben Tests im Berufsleben. Es gibt Tausende von Tests und

Dutzende von Klassifizierungen. Eine der gängigsten Einteilungen ist jene in klinische und nicht-klinische Tests. Klinische Tests dienen zum Erkennen von Krankheiten und stellen die Persönlichkeitsmerkmale dar. Der bekannteste dieser Tests ist der Rohrschach-Test. Dieser setzt sich aus verschiedenen Bildern zusammen, die dem zu Testenden nacheinander vorgelegt werden. Die Testperson soll dann sehr spontan sagen, was ihr bei diesen Bildern einfällt. Dieses freie und spontane Assoziieren geht übrigens auf die Lehre von Sigmund Freud zurück. Für die Berufswelt ist diese Art von Test nur schwer einsetzbar und nicht objektivierbar. Der Test wird oft in Hollywood-Filmen zitiert: Der Verdächtige sitzt einer (meist hübschen) Psychologin gegenüber und sagt wie er die „Kleckse" interpretiert.

Der bekannteste, nicht-klinische Test ist der Eysenck-Test, der zur Kategorie der Intelligenztests gehört. Hier finden Sie einige Beispiele – sehen Sie sich diese Beispiele gut an, denn aus meiner Sicht ähneln sich diese Tests alle und hat man einmal ein Auge dafür, geht es dann, wenn es darauf ankommt und man unter Stress steht, umso leichter.

Eine weitere Gruppe der nicht-klinischen Tests sind die Eignungstests. Zu diesen Eignungstests zählt man auch die Gruppe der Entwicklungstests, mit denen versucht wird, den Entwicklungsstand eines Menschen zu bestimmen.

Neben den Intelligenztests und den Eignungstests bilden die Leistungstests die dritte Gruppe der nicht-klinischen Tests.

Auf den folgenden Seiten finden Sie Beispiele beziehungsweise Themenbereiche für die soeben genannten Tests.

Beispiel Intelligenztest:

Testfragen aus einem Eysenck-Intelligenztest (Auszug; Auflösung siehe Seite 108)

1. **Setzen Sie die fehlende Zahl ein**
   13 18 23 28 (?)
2. **Unterstreichen Sie das Wort, das nicht zu den anderen passt**
   Haus Iglu Villa Kaufhaus Hütte
3. **Setzen Sie die fehlenden Zahlen ein**
   7 10 9 12 11 (?) (?)
4. **Unterstreichen Sie die Zeile, die keine Automarke enthält**
   ROFD
   DERESCEM
   PRESCHO
   NOGIEB
   LEPO
5. **Setzen Sie das Wort ein, das in der Klammer fehlt**
   SCHICKSAL (LOS) LOTTERIESCHEIN
   TANZ (.......) KUGEL
6. **Finden Sie das Wort, das nicht zu den anderen passt**
   HERING WAL HAI STEINBUTT KABELJAU

*Zwei große Bereiche: Persönlichkeits- (einer der bekanntesten
ist der „16 PF" = 16 Persönlichkeitsfaktoren) und Fähigkeitstests
(zum Beispiel die Eysenck-Intelligenztest oder der D2-Konzentrationstest).*

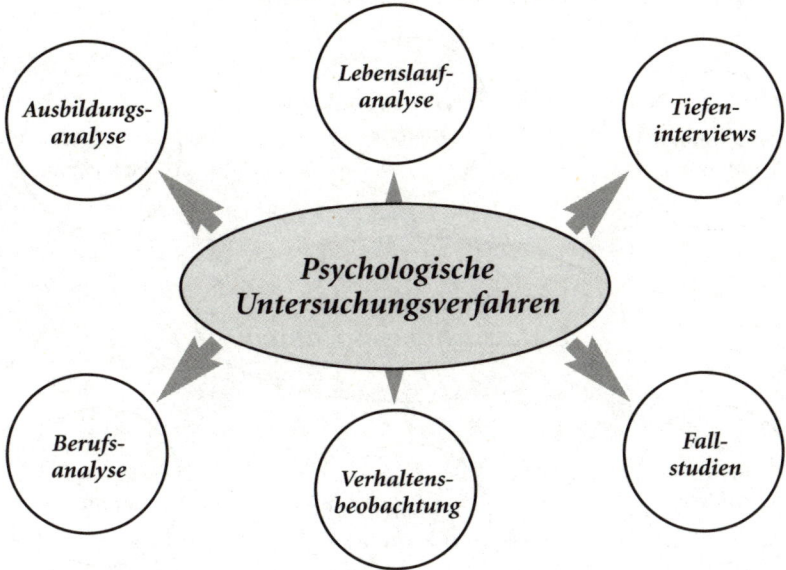

Auswertung des Eysenck-Intelligenztests:

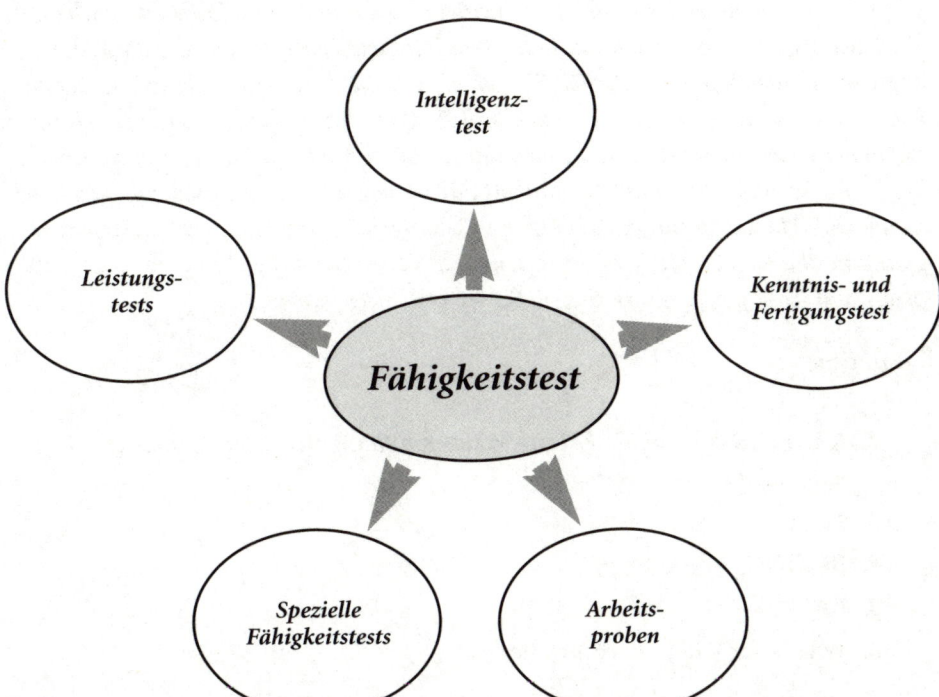

Die oft verwendeten psychologischen Untersuchungsverfahren:
Der Personalberater stützt seine Erkenntnisse sehr oft auf die Ausbildungs-
und Lebenslaufanalyse – beziehungsweise auch auf Fallstudien
(zum Beispiel im Rahmen eines Assessment Centers).

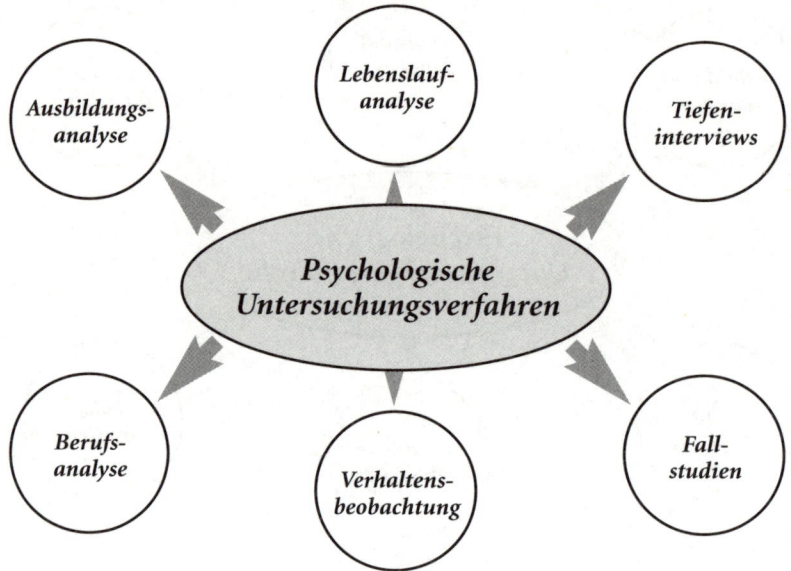

Die Auswertung dieses Tests erfolgt nach einem bestimmten standardisierten Schema.
Die Anzahl der Lösungen wird auf eine Grafiklinie übertragen, auf der dann der IQ
abgelesen werden kann. Nun sehen Sie sich an, wie Sie diese sechs Aufgaben gelöst ha-
ben – haben Sie es geschafft? Wenn ja – bravo! (War aber auch nicht wirklich schwer.)
Wenn nein – zweifeln Sie nicht an sich. Kaufen Sie sich das Buch „Der große Eysenck-
Test" und üben Sie ein wenig. Ich bin fest davon überzeugt, dass hier die Übung „viel
ausmacht". Haben Sie einmal ein bisschen Übung, bekommen Sie auch den richtigen
Blick und das hilft – gerade in Situationen, in denen Sie vielleicht nervös oder unter
Stress sind. Und jetzt schauen Sie, ob Sie sechs Richtige haben.

Lösungen:

1. *33*
2. *KAUFHAUS – aus dieser Liste ist das Kaufhaus das einzige „Haus", in dem*
   man nicht wohnen kann
3. *14   13*
4. *BOEING*
5. *BALL*
6. *WAL – der Wal ist ein Säugetier*

T wie Thomas Muster

Was hat Thomas Muster mit Karriere, genauer gesagt, mit einem Karrierebuch zu tun? Auf den ersten Blick vielleicht nicht so viel, ist ja auch schon lange her, dass der gebürtige Leibnitzer die Nummer 1 der Tenniswelt war (nämlich 1996). Was ist es, was mich so, an Thomas Muster fasziniert?

Denkt man an Tennis und die großen Namen, dann sind es sehr oft die Spaßvögel am Center Court, die in Erinnerung bleiben. Oder besonders extrovertierte Sportler, wie zum Beispiel ein John McEnroe, aber auch Spieler mit einer ganz besonderen Ausstrahlung wie ein Björn Borg, Boris Becker oder Ilie Nastase. Sie alle hatten ganz besondere Talente, waren außerordentlich begabt, kreativ und auch besonders beliebt. International gesehen, ist ein Thomas Muster nur noch eingefleischten Tennisfans in einem bestimmten Alter ein Begriff. Stellt sich die Frage, warum dann „T wie Thomas Muster"? Ganz einfach, weil Thomas Muster keine besonders charismatische Persönlichkeit ist, weil er nicht über besondere rhetorische Fähigkeiten verfügt, weil er auch nicht außergewöhnlich schön ist. Mit einem Wort er ist nicht „Everybody's Darling," und dennoch war er sechs Wochen lang die Nummer eins der Welt und hat eines der anspruchsvollsten Grand-Slam-Turniere gewonnen. Thomas Muster hat es nach ganz oben geschafft an die Weltspitze und das ohne große Sponsoren und Reichtümer im Hintergrund. Wie war das möglich?

Spätestens jetzt ist klar, warum Thomas Muster einen Platz in einem Karrierebuch verdient: Geschaffen wurde diese einzigartige Karriere durch Disziplin und hartes Training, aber auch durch hartes Training und Disziplin, wobei Disziplin und Training sicher im Vordergrund standen.

Das ist die gute Nachricht für all jene, die nicht umwerfend schön sind, die nicht mit ihrer Eloquenz glänzen und die nicht über die ganz außergewöhnlichen Ideen und viel Geld (bereits vor der Karriere) verfügen. Es ist also möglich, mit viel Arbeit und Ausdauer Karriere zu machen. Hartes Training, Disziplin und der Glauben an sich ermöglichen auch Menschen, denen nicht alles zufliegt, steile Karrieren.

Und noch eines können wir von Thomas Muster lernen: Rückschläge können überwunden werden. Kurz nach einem hart erkämpften Sieg gegen Yannick Noah im Halbfinale von Key Biscayne wurde er von einem betrunkenen Autofahrer angefahren und so ein Finale gegen die damalige Nummer eins der Welt, Ivan Lendl, verhindert. Schwere Knieverletzungen waren die Folge. Verletzungen, die ein Karriereende für durchaus möglich erscheinen ließen. Das war 1989 – sieben Jahre später war er die Nummer eins der Welt. Sie haben sicher erraten, wie dieses Comeback möglich wurde: durch Disziplin und hartes Training sowie den Glauben an sich und seine Ziele.

Auch für künftige Führungskräfte ist es wichtig, Rückschläge rasch verdauen zu können. Auf dem Weg an die Karrierespitze kann immer etwas passieren, es kann immer einen Absturz geben, aber Liegenbleiben geht nicht – auf, auf und weiter geht's! Aus Rückschlägen lernen und noch mehr Gas geben.

In diesem Abschnitt des Buches möchte ich noch Pete Sampras erwähnen. Nicht weil er, wie auch ich, griechische Wurzeln hat, und auch nicht, weil er 286 (!) Wochen Nummer eins der Tenniswelt war und 14 Grand-Slam-Titel gewonnen hat, sondern weil er an Thalassämie minor leidet (einer Erkrankung der roten Blutkörperchen) und somit als Leistungssportler Nachteile gegenüber völlig gesunden Menschen hat. Ich möchte Thomas Muster nicht mit Pete Sampras vergleichen (Sampras war noch viel erfolgreicher und hat wesentlich mehr gewonnen als Thomas Muster), aber auch Sampras war nicht der große Charismatiker, kreative Publikumsliebling und grenzgeniale Spieler, sondern eben auch bekannt für seinen eisernen Willen, große Disziplin und harte Trainingsarbeit.

Einer meiner Freunde, Rudolf Preyer, hat bereits im Jahr 2000 ein Buch mit dem Titel „Buch des Erfolges" – oder „Jeder kann Vorstandsdirektor werden!" geschrieben.

Ganz ehrlich gesagt, ich glaube das auch! Vielleicht nicht wirklich jeder, aber sicher jeder Zweite. Es gibt meiner Meinung nach wenige Geheimnisse, wenn es um Erfolg und Karriere geht. Analysiert man die Bestandteile, die Ingredienzien des Erfolges, kommen immer wieder vier bis fünf gleiche Punkte heraus. Ein sehr großer Bestandteil des Erfolges besteht aus der Kombination Disziplin und hartes Training (Training auch im Sinne von Lernen). Übrigens: über die anderen Bestandteile kann in diesem ABC der Karriere auch nachgelesen werden.

U

U wie Universität

Matura – endlich geschafft. Was nun? Viele entscheiden sich für die Uni. Student sein – herrlich! Allein beim Gedanken daran kommt Freude auf. Die Älteren (aber auch die Jüngeren) denken an den herrlichen Film mit Heinz Rühmann – „Die Feuerzangenbowle"! Ach, war die Studentenzeit schön! Oder man denkt an Hollywood-Filme – jede Menge Romantik, Sex, die große Liebe und Spaß ohne Ende.

Aber wie sieht die Realität aus? Manchmal genau so, aber meistens ganz anders. Uni bedeutet heute überfüllte Hörsäle und Professoren, die ihre Studenten nicht kennen; Warten auf Seminarplätze und auf einen Professor, der bereit ist, ein Diplomarbeitsthema zu akzeptieren; jede Menge Stress von Schein zu Schein, von Prüfung zu Prüfung. Eines ist sicher: das Studium ist nur was wert – in Hinblick auf die Karriere –, wenn es rasch absolviert wird (idealerweise in der Mindestzeit) und nebenher noch relevante Praktika gemacht werden (siehe „F wie Ferialpraktikum").

In der guten alten Zeit hat so mancher ein Jus-Studium begonnen, dann abgebrochen, weil Römisches Recht „fad" war; in Folge an der WU begonnen, aber auch da aufgehört, weil Mathematik und Statistik verdammt schwer waren. Nach fünf Jahren haben dann Mama und Papa das Sponsoring eingestellt und der hoffnungsvolle Nachwuchs hat sich auf den Arbeitsmarkt geworfen – und sich nicht so schlecht geschlagen. Heute geht das nicht mehr. Der Konkurrenzdruck ist enorm. Wer mit 23 Jahren ausgestattet mit der Matura und sonst wenig Brauchbarem im Handgepäck ins Berufsleben startet, hat schon verloren. Es sei denn, es geht ihm einige Jahre danach der Knopf auf und er holt Versäumtes rasant nach.

Nützen Sie die ersten großen Ferien nach der Matura, um sich gründlich
zu informieren. Laufen Sie zur Uni, fragen Sie die Kollegen, die Sie antreffen,
gehen Sie in die Bibliothek, zur Studienberatung, „löchern" Sie alle Bekannten
und Freunde der Eltern; machen Sie sich Notizen – gehen Sie die Sache
wie eine Schularbeit oder Seminararbeit an. Seien Sie so geschickt
wie möglich – es lohnt sich diese Zeit zu investieren.
Sind Sie vielleicht auch an einem Fachhochschulstudium interessiert,
fangen Sie schon ein Jahr früher damit an, sich umzusehen. Hier liegen nämlich
die Anmeldefristen zumeist mitten in der Maturazeit von März bis Juni.

TIPP

Selbst erlebt und zwar am eigenen Leib. Der frischgebackene Maturant J. A. Mertzanopoulos saß mit acht, neun seiner Freunde im Café Mozart (vis-à-vis von der Albertina in Wien), diskutierte und philosophierte über den Sinn des Lebens. Schließlich kam der Punkt, der alle beschäftigte: „Was studieren wir?" Die einen sagten Medizin, andere WU und wieder andere Jus. Ich wusste es nicht so recht und hörte andächtig zu. Publizistik würde mich interessieren – und zwar mit dem Ziel Sportjournalist zu werden. Ich sah mich schon das Spiel meiner Austria (im Idealfall im Endspiel eines großen internationalen Bewerbes) für den ORF kommentieren. Ein Freund, der neben mir seine Cola trank, reichte mir den soeben erschienenen ganz neuen Studienführer. Ich schaute bei Publizistik nach und stellte fest, dass ich die Hauptfächer als nicht sehr spannend empfand. Ich strich Publizistik und sagte Medizin. Eine wohl-meinende Freundin machte mich darauf aufmerksam, dass ich dafür aber das Latinum nachmachen müsste. Naja. Ich war eigentlich kein besonderer Schüler und Latein hatte ich bald aufgegeben. Also strich ich vor meinem geistigen Auge Medizin und meinte, dass ich mich dann für Jus entscheiden würde. Eine der Anwesenden rief: „Idem". Meine Lateinkenntnisse reichten aus, um zu verstehen, dass Jus auch nicht in Frage käme. Da zwei am Tisch meinten, dass sie auch an der WU studieren würden und ich – da ich mich in der Schule für den wirtschaftlichen Zweig entschieden hatte – Vorteile hätte, war die Ent-scheidung getroffen: Betriebswirtschaftslehre an der WU-Wien. Ich muss dem Haus – damals in der Franz-Klein-Gasse – danken, denn man hat versucht aus mir einen tüchtigen Betriebswirt zu machen. Ich denke, dass es gut gelungen ist – aber den großen Spaß hatte ich nicht. Ich musste mich immer ein wenig quälen. Vielleicht wäre es doch besser gewesen, mehr Zeit in die Auswahl des Studiums zu stecken. Vielleicht wäre ich doch ein guter Sportreporter geworden? Oder vielleicht hätte ich das Latinum machen sollen, um Doktor der gesamten Heilkunde zu werden? Nein, denn sonst wäre ich nicht Personal-berater geworden und das ist ein Beruf, der mich wirklich fasziniert.

V wie Verhandeln

Im Berufsleben wird und muss oft verhandelt werden. Zum Beispiel, wenn es um Gehaltserhöhungen oder Prämien geht; wenn es um die Genehmigung von Spesen geht oder wenn Sie die Bewilligung für Weiterbildungsseminare und Kurse brauchen.

Ganz wichtig sind jedoch die Exit-Gespräche. Sie wollen eine Verkürzung der Kündigungs- und Übergabezeit, Sie wollen die Auszahlung von Prämien und Boni oder Sie wollen, dass Ihr Dienstgeber auf die Anwendung der damals vereinbarten Konkurrenzklausel verzichtet.

Natürlich sind auch die Verhandlungen bei Eintritt in ein Unternehmen wichtig – da hat man die Möglichkeit, „Dinge" zu regeln, um sich später beim Exit-Gespräch nicht in eine ungünstige Situation zu manövrieren.

Egal ob bei Eintritt, Austritt oder auch zwischendurch – Verhandeln gehört zum Berufsalltag. Dabei ist die Vorbereitung auf das Gespräch das „A und O".

Gehen Sie wie folgt vor:

> (Zuerst) das Gemeinsame betonen.
> Zuerst Streitfragen mit guter Einigungsmöglichkeit behandeln.
> Anfangs schwache, zum Schluss die besten Argumente ausspielen (Gesetz der Steigerung).
> Ansicht und Absicht des anderen durch kluges Sondieren herausfinden.
> Weiten Verhandlungsspielraum schaffen durch anfänglich leicht überhöhte, dennoch realistische Forderungen.
> Eigenes Zugeständnis durch Betonung wertvoller machen.
> Den Partner für den Fall der Ablehnung einen Nachteil befürchten lassen.
> Den anderen nicht zu früh festlegen.
> Teileinigungen und kleinste Teilerfolge anstreben (Salami-Taktik).
> Den Verhandlungspartner die eigene Idee als die seine übernehmen lassen.
> Einige Argumente in Reserve halten.
> An die allgemeine Auffassung als Beweis der Richtigkeit appellieren.
> Den Vorteil der Beweislast ausnützen.
> Eine Regelung treffen.

Bei der Beendigung des Gespräches bedenken Sie, ein fester Handschlag hat bekräftigende Wirkung und bindet – zumindest im Unterbewusstsein Ihres Gesprächs- und Verhandlungspartners.

TIPP

Bedenken Sie, dass, auch wenn Sie gut oder sogar sehr gut Englisch sprechen, es immer ein Nachteil ist, nicht in der Muttersprache zu verhandeln. Führen Sie wichtige, Ihr Berufsleben stark beeinflussende Verhandlungen mit einem English-Native-Speaker, so müssen Sie sich doppelt so gut vorbereiten. Es macht einen Unterschied, ob man tagtäglich mit englischsprachigen Kunden zu tun hat oder ob man mit einem Human-Resources-Manager aus London sein Ausstiegspaket verhandelt.
Schließlich will man am Ende der Verhandlung wohl kaum hören
„It was a pleasure!".

W wie Wahl des Studiums

Wie schon bei S wie Studium erwähnt, geht heute ohne abgeschlossenes Studium nichts mehr. Aber was soll man studieren und vor allem auch wo? Der Arbeitsmarkt ist in ständiger Veränderung, bedingt durch die geopolitischen Veränderungen der letzten 20 Jahre, aber auch bedingt durch die Veränderungen in unserer Gesellschaft, was sich auf die richtige Studienwahl ausgewirkt hat. Hat man vor zehn Jahren noch gesagt: „Nur kein Medizinstudium! Es gibt zu viel Ärzte, es gibt zu wenige Turnusplätze!" ist es heute ganz anders. Händeringend suchen wir nach Medizinern und Landeskrankenhäuser überlegen sich mit welchen Anreizen sie frisch promovierte Damen und Herren anlocken können. Folglich ist ein Medizinstudium ein wahrlich heißer Tipp. Dieses Buch versteht sich nicht als politisches und schon gar nicht als parteipolitisches, aber wundern darf sich der Autor schon über die eingeschlagene Politik der Aufnahmeprüfungen. Wir wissen, dass wir heute oder morgen zu wenige Ärzte haben werden und dennoch werden Jahr für Jahr viele Hunderte junge Österreicher vom Medizinstudium ferngehalten, indem sie die (sehr oft willkürliche) Hürde der Einstiegsprüfung nicht schaffen.

Welche Studien lohnen sich aus der Sicht des Headhunters besonders. Hier meine Top Ten:
1. Medizin
2. Wirtschaftsingenieurwesen-Maschinenbau
3. Betriebswirtschaftlehre mit Fokus auf Rechnungswesen und Sprachen
4. Lehramt (insbesondere Mathematik, Physik, Chemie)
5. Jus
6. Gesundheits- und Krankenpflege
7. Energie- und Umweltmanagement
8. Elektrotechnik
9. Wirtschaftsinformatik
10. Theologie

Wie gesagt, hier handelt es sich um meine Top Ten – dies sind die Studien, die ich engen Freunden und Kindern enger Freunde empfehlen würde. Natürlich muss das Studium zur Person passen. Es hat wenig Sinn, Medizin zu studieren, wenn man kein Blut sehen kann oder Theologie, wenn man sich nicht sonderlich für Religion und Ethik interessiert. Es muss einfach zusammenpassen, das Studium sowie die eigene Persönlichkeit und Lebensplanung.

Hat man sich für das Studium einmal entschieden, bleibt die Frage wo? In Österreich oder im Ausland? Hier gibt es keine allgemein gültige Antwort. Es kommt auf das Studium an, aber es kommt vor allem darauf an, wo nach erfolgreichem Studium der Lebensmittelpunkt sein soll. Ist das so gut wie möglich geklärt, ist die Beantwortung der Frage leicht: Es sagt der oft zitiert Hausverstand, was Sinn macht. Will man später in Österreich als Anwalt arbeiten, macht es nicht den größten Sinn, ausschließlich in Amerika zu studieren. Will man ins Rechnungswesen, wird der Vorteil im Ausland studiert zu haben auch nicht gewaltig sein. Bei beiden Beispielen gilt, dass die österreichischen Gegebenheiten (Gesetze und Rahmenbedingungen) zahlreiche Besonderheiten aufweisen und es daher Sinn macht, in Österreich das Grundstudium zu absolvieren.

TIPP

Idealerweise das Grundstudium in Österreich absolvieren und im Anschluss daran einen Master im Ausland machen, mit besonderem Fokus auf eine weitere Fremdsprache oder dem Besterben Englisch weiter zu perfektionieren.
Bewährt hat sich die Strategie zwischen beiden keine Pause zu machen. Sinnvoll ist es, das Studium „durchzuziehen" und fünf bis zehn Jahre später eine weitere Qualifizierung zu machen – zum Beispiel im Rahmen einer Karenz oder eines Sabbatical.

W wie Weiterbildung

Sinngemäß hat Henry Ford gemeint: „Wer sich nicht weiterbildet, ist alt, egal ob er 20 oder 80 Jahre alt ist." Diese Auffassung war nie treffender als heute. Früher hat man sich dadurch hervorheben können, wenn man sich weitergebildet hat. Man kam so schneller vorwärts.

Vom Radsport her könnte der Vergleich mit dem „Spitzenpeloton" und der „Nachhut" gut passen. Wer sich weiterbildet, bleibt vorne mit dabei, fährt also im Spitzenpeloton mit. Der Unterschied zu früher ist jedoch, dass derjenige, der sich nicht weiterbildet, keineswegs im großen Hauptfeld mitfährt, sondern allenfalls die Nachhut bildet – und wer möchte das schon.

Weiterbildung ist in allen Branchen wichtig. Besonders hervorzuheben sind hierbei der sprachliche Bereich (nicht nur Fremdsprachen) und der jeweilige Fachbereich. Wer den Anschluss verpasst, wird ständig überholt werden – ganz wie im Radsport. Was in der Werbung die Ilja-Rogoff-Knoblauchperlen gegen das Altern sind, sind im Berufsleben die Weiterbildungskurse!

Weiterbildung – genau DAS ist das Stichwort! Es ist kein Geheimnis, dass die Österreicher/innen der Weiterbildung sehr kritisch gegenüberstehen. Eine im Jahr 2007 von der Linzer IMAS-Agentur veröffentlichte Statistik besagt, dass mehr als 50

*Gönnen Sie sich ab und zu Sprachferien in einem schönen Schloss
in England oder ein Seminar über aktuelle Themen Ihres Spezialgebietes
oder vielleicht völlig verrückt – lesen Sie wieder einmal ein Sachbuch,
vielleicht sogar in Englisch!
Wer in seinem Lebenslauf relevante Kurse und Weiterbildung
anführen kann, wird dadurch zwar auch nicht jünger,
aber er erhöht seine Chancen sehr wesentlich.*

Prozent der Österreicher sich nicht weiterbilden – nichts lesen, keine Kurse besuchen.

Nehmen wir an, jemand macht mit 18 Jahren seine Matura und hört dann, recht abrupt, auf zu lesen und sich zu bilden. Mit 35 Jahren, also 17 Jahre später, ist sein Wissen veraltet, eingerostet und unbrauchbar. Besonders betroffen davon die Sprachen. Welcher Personalberater hat noch nicht den Satz gehört: Mein Englisch ist ein wenig eingerostet. Oder: Ich habe zwar in Französisch maturiert, aber außer Champagner und Parfum ist nicht viel übrig geblieben.

X wie Xing

Internet-Foren und -plattformen sind beliebter denn je. Rasch ein, zwei Fotos auf facebook gestellt, eine kleine Kurzgeschichte dazu, und schon ist man präsent im World Wide Web. Schon wissen alle, welch tolle Persönlichkeit man ist, welche tollen Dinge man macht, man erlebt hat. Aber Vorsicht! Sie hinterlassen dabei Spuren. Manche davon sind gewollt, manche aber ungewollt oder sogar unge-wünscht, weil kontraproduktiv.

Xing (früher Open Business Club) ist eine Plattform, die sich ganz dem „ge-schäftlichen" Networking verschrieben hat. Wer sich hier registriert, zeigt ganz klar Interesse an geschäftlichen Kontakten, an Informationen, an Know-how-Transfer. Aus der Sicht der Personalberater ist ganz wichtig, dass Sie sich profes-sionell präsentieren – gutes Foto, guter Lebenslauf, zu dem, was Sie präsentieren wollen, passende Hobbies.

www.xing.com ist eine Internet-Plattform für Leute, die gerne kommunizie-ren, sich austauschen und sich präsentieren wollen. Man erzählt sich, was man ge-rade beruflich macht, was man anbieten kann (z. B. Know-how, neue Geschäfts-möglichkeiten, Kontakte etc.) und welche Hobbies man hat. Das ist ganz interes-sant! Noch wichtiger ist aber, dass man für Personalberater, Human-Resources-Manager und andere, welche gerade Positionen zu besetzen haben, gut sichtbar ist. Nahezu alle relevanten Personalberater schauen sich dort regelmäßig um, entde-cken neue Profile und sprechen Kandidaten/innen an. Auch wenn Sie derzeit weder einen Job suchen, noch wechseln wollen, ist es dennoch wertvoll „in Kontakt" zu sein, denn Kontakte aufzufrischen ist immer etwas leichter, als neu zu knüpfen.

Bedenken Sie, dass Sie „gefunden" werden wollen. Aber denken Sie bei der Erstellung des Profils daran, geeignete Schlüsselwörter zu verwenden, und vor allem: seien Sie aktiv. Ihr Aktivitätsindex sollte nicht weit von 100 Prozent ent-fernt sein. Klicken Sie Profile von Personalberatern an, denn idealerweise schaut jedes Xing-Mitglied nach, wer es „angeklickt" hat – so auch der Personalberater und schon sind Sie um eine Spur präsenter. Wer gefunden werden will, muss auf sich aufmerksam machen.

In einer österreichischen Fernsehshow pflegte der Moderator Joki Kirschner zu sagen: Geld ist wichtig, wenn man rechtzeitig drauf schaut, dass man es hat, wenn man es braucht. Das gilt für viele Dinge im Leben, aber für Kontakte ganz besonders. Xing hat noch dazu den Vorteil, dass es von Menschen in aller Welt gesehen und verwendet wird. Im Schnitt sind 16.000 bis 18.000 User/innen online.

Xing ist nur ein Beispiel. Es gibt viele solcher oder ähnlicher Plattformen. Diese zu nutzen, gehört einfach dazu – besonders wenn man auf Jobsuche ist oder den nächsten Karriereschritt machen will.

Y

Y wie „Yes we can!"

„Yes we can!" Ein Slogan, der um die Welt ging und geht. Der 44. Präsident der USA, Barack Obama, strahle diese positive Einstellung aus – dieses „Ja, wir können, wir schaffen es. Es gelingt!"

Gerade in Krisensituationen wollen Personalverantwortliche mehr positiv denkende Mitarbeiter einstellen. Gesucht sind die „Winner", das ist – und war es immer schon – sehr wichtig.

Gerade, wenn alle von einer möglichen Rezession und von sinkenden Umsätzen sprechen, ist es wichtig, eine positive Ausstrahlung zu haben. Positiv zu denken, etwas für das Betriebsklima zu tun, Mitarbeiter motivieren zu können, Kunden von der Begeisterung anstecken zu können – das zählt heute mehr denn je.

Aber Vorsicht! Weder Batman, noch Superman oder Spiderman können alles. Auch sie haben Grenzen und müssen sich nach den Gegebenheiten der Realität richten – oder zumindest sich den Sieg hart erarbeiten und erkämpfen. Daher sagen Sie nicht auf jede Frage: Ja, das kann ich! Ja, das schaffe ich! Bleiben Sie realis-

SELBST ERLEBT

Bei der Besetzung eines Teamleaders im Bereich Customer Care war es von großem Vorteil eine Ost-Sprache zu können. Mir saß ein Kandidat gegenüber, der keinen schlechten Lebenslauf hatte, gut Englisch sprach und auf meine Fragen gute Antworten hatte. Der Kandidat stammte aus einer der vielen typischen Wiener Familien: Großeltern aus Böhmen bzw. Ungarn. Gegen Ende des Gespräches stellte er mir die an und für sich gute Fragen wie ich seine Chancen, die Position zu bekommen, einschätzen würde. Ich zählte die positiven Punkte und auch die Fragezeichen auf und meinte, dass er sicher im engeren Bewerberkreis wäre, was ich zu diesem Zeitpunkt auch tatsächlich glaubte. Dann erzählte er mir, dass das Handicap keine Ost-Sprache zu sprechen, eigentlich gar keines wäre, zumal seine Großmutter ja Tschechin war und sein Vater als Kind sehr gut Tschechisch gesprochen hat und er es daher sozusagen „in den Genen hatte" und realistisch betrachtet maximal zwei bis drei Monate brauchen würde, um geschäftsfähig Tschechisch zu sprechen.
Dass man eine Fremdsprache so rasch lernen kann, wenn man es in den Genen hat, wusste ich gar nicht.

tisch, sonst verlieren Sie Ihre Glaubwürdigkeit. Seien Sie stolz auf das Erreichte, trauen Sie sich etwas zu, zeigen Sie, dass Sie lernen können, aber übertreiben Sie nicht! Ein positiv laufendes Bewerbungsgespräch kann sehr leicht kippen, wenn Sie Ihrem Gesprächspartner das Gefühl geben, dass Sie Superman und Batman in einer Person sind. Denn diese Figuren haben eben nun einmal auch etwas Comichaftes an sich – und welcher Personalchef würde schon eine Comicfigur einstellen, und dies noch dazu in einer Teamleader-Funktion?

Z

Z wie Zeugnis –
aber auch Z wie Zwischen den Zeilen

Es gibt Mitarbeiter, die sind einfach anstrengend, bringen keine Leistung und machen das Betriebsklima kaputt. Das Unternehmen ist froh, wenn sie freiwillig oder eben unfreiwillig ausscheiden. Aber wie wird das im Zeugnis formuliert?

Dann gibt es Mitarbeiter, die sind ganz toll, fachlich kompetent mit hoher sozialer Intelligenz und dennoch wollen oder müssen sie ausscheiden. Wir formuliert man das dann?

Der Gesetzgeber will Mitarbeiter vor der „Willkür" des Chefs schützen, er will aber auch Mitarbeitern, die – aus welchen Gründen auch immer – nicht entsprochen haben, die Zukunft nicht verderben. Der Gesetzgeber verbietet Eintragungen und Anmerkungen im Zeugnis, durch die dem Angestellten die Erlangung einer neuen Stelle erschwert wird. Grundsätzlich kann so also die wahre Beurteilung nur zwischen den Zeilen erfolgen. In der Praxis hat sich deshalb eine Art Geheimsprache entwickelt, mit der sich der Arbeitnehmer trotzdem charakterisieren lässt. Diese Sprache wurde mittlerweile zu einem Mitteilungssystem, das die Spreu vom Weizen trennt. Daher lesen Sie sich Ihr Zeugnis sofort nach Erhalt durch und zeigen Sie es einem Profi – denn wenn Sie rasch, um eine Änderung ansuchen, haben Sie gute Chancen, dass das Zeugnis auch in Ihrem Sinn verändert wird.

Hier einige dieser Klauseln, die den wissenden Arbeitsuchenden vor bösen Überraschungen schützen:

> Für eine *sehr gute* Beurteilung steht: … hat unseren Erwartungen in jeder Hinsicht und in allerbester Weise entsprochen, … hat die ihm/ihr übertragenen Arbeiten **stets zu unserer vollsten** Zufriedenheit erledigt.

> Für ein *gut* steht: …hat die ihm/ihr übertragenen Aufgaben **stets zu unserer vollen** Zufriedenheit erledigt.

> Für *befriedigend* steht: …seine/ihre Aufgaben **stets zu unserer Zufriedenheit,** … mit seinen/ihrer Leistung stets zufrieden…

> Für *genügend* steht: …hat unseren Erwartungen entsprochen,…hat zufriedenstellend gearbeitet.

> Für *nicht genügend* steht: …hat sich bemüht den Anforderungen gerecht zu werden,… hat sich mit großem Eifer an diese Aufgabe herangemacht und war erfolgreich,… ist ein zuverlässiger, gewissenhafter Mitarbeiter.

> Teil des Dienstzeugnisses ist zudem eine Verhaltensbewertung.
> Einige Beispiele:
>
> – *Er/Sie hatte persönliches Format:* bedeutet eine hohe Wertschätzung des Mitarbeiters bei persönlich ausgezeichneter Beziehung zum Vorgesetzten.
> – *Er/Sie besaß die Fähigkeit, Mitarbeiter zielgerecht zu motivieren:* weist auf gute Personalführungsqualitäten hin.
> – *Mit seinem Vorgesetzten ist er gut zurechtgekommen:* verrät einen Mitläufer, der sich gut anpasst.
> – *Durch seine/ihre Geselligkeit trug er zur Verbesserung des Betriebsklimas bei* soll heißen er/sie trinkt im Dienst.
> – *Er/sie erledigte die ihm zugewiesenen Arbeiten mit beachtlichem Fleiß und Interesse:* gibt zu verstehen, dass keine ausreichende Initiative und trotz Bemühung wenig Erfolg zu verzeichnen war.
> – *Er/Sie hat nie zu Klagen Anlass gegeben* – aber auch nicht zu Lob.
> – *Wir haben uns im gegenseitigen Einverständnis getrennt:* bedeutet, dass dem Arbeitnehmer das Ausscheiden nahegelegt werden musste.
>
> Werden beispielsweise Kriterien wie Sorgfalt oder Genauigkeit im Zeugnis betont, ohne auch gleichzeitig etwas über die Arbeitsmenge zu verraten, so lässt sich daraus schließen, dass der Ex-Angestellte immer schön gemütlich unterwegs war. Es ist auch ein Unterschied, ob jemand als pünktlich beschrieben wird (besonders wenn's um den Feierabend geht) oder stets termingerecht und somit zuverlässig arbeitet.
>
> Das Problem bei diesen Klauseln ist, dass sie nicht von jedem „Zeugnis-Schreiber" gekannt werden. Daher empfiehlt es sich, darauf zu achten, wer das Zeugnis schreibt. Generell gilt allerdings, dass große Unternehmen sehr wohl wissen, wie Zeugnisse formuliert werden, Gleiches gilt für Personalchefs. Ist das Zeugnis von einem Vertriebsleiter eines Klein- oder Mittelbetriebes geschrieben und unterschrieben, empfiehlt sich Vorsicht.

Sobald Sie sich mit Ihrem Vorgesetzten oder Personalchef über Ihr Ausscheiden geeinigt haben, ersuchen Sie um Ausstellung eines Dienstzeugnisses. Gerade in turbulenten Zeiten weiß man nicht, ob in einem Jahr jene, die über Ihre Leistungen etwas aussagen können, überhaupt noch im Unternehmen sind.

Und noch ein Tipp:
Üblicherweise steht im Zeugnis, in welcher Funktion Sie im Unternehmen tätig waren, wofür Sie zuständig waren, wie Sie es gemacht haben, wie Sie mit Vorgesetzten, Mitarbeitern, Kunden und Partnern ausgekommen sind, sowie von wem der Wunsch der Trennung ausgegangen ist ... und auch, dass man Ihr Ausscheiden bedauert, Ihnen aber weiterhin viel Erfolg wünscht.

Im Rahmen eines Bewerbungsgespräches lerne ich einen Topvertriebsleiter kennen, der ob seines Verkaufserfolges nicht nur in seiner Branche bekannt ist. Alles läuft ganz normal ab und am Ende des Gespräches übergibt er mir seine Zeugnisse. Als er merkt, dass ich (ohne es zu wollen) das Gesicht leicht „verziehe", fragt er mich ob irgendetwas nicht passt. Das kann man laut sagen: Er war acht Jahre lang bei einer doch recht renommierten Firma im Büroausstattungsbereich. Das Besondere am Zeugnis war, dass es maximal fünf Zeilen umfasste und eher eine Arbeitsbestätigung war. Das Zeugnis war zirka zehn Jahre alt. Des Rätsels Lösung? Das Unternehmen hat sich damals Schritt für Schritt aus Österreich zurückgezogen – der Kandidat ist ausgeschieden ohne ein Zeugnis zu verlangen. Als er nach fast zwei Jahren dies nachholen wollte, war schlicht und ergreifend niemand mehr da, der ein Zeugnis schreiben beziehungsweise unterschreiben hätte können. Also hat der Kandidat im Headquarter angerufen, Mails versendet und eine Woche danach dieses Zeugnis erhalten. Eigentlich schade – hätte doch ein gutes Zeugnis eine erfolgreiche Tätigkeit für ein weltweit bekanntes Unternehmen bezeugt.

BEISPIEL FÜR EIN SCHLECHTES ZEUGNIS

Herr Rolf Georg Mustermann, geboren am 18. 12. 1968, wohnhaft in Wien 12, Wilhelmstraße 48 war in unserem Unternehmen vom 01. 03. 2001 bis zum 27. 02. 2014 als Key-Account-Manager im Lebensmittelbereich tätig.

Seine Aufgabe war es, unsere Kunden in ganz Österreich zu beraten und zu betreuen. Aufgrund seiner stets freundlichen und hilfsbereiten Art ist es Herrn Mustermann gelungen, sehr eng mit unseren Kunden zusammenzuarbeiten und sehr gute Erfolge zu erzielen. Hervorheben möchte ich, dass Herr Mustermann sowohl von seinen Kollegen, als auch den Kunden geschätzt wurde.

Zu seinen Aufgaben zählte neben der unmittelbaren Kundenbetreuung auch die Erstellung von Jahresumsatzplänen sowie die Erarbeitung neuer vertriebsorientierter Marketing-Konzepte für unsere Division in Ungarn.

Herr Mustermann hat alle ihm übertragenen Aufgaben zu unserer Zufriedenheit erfüllt und daher bedauern wir sein Ausscheiden aus unserem Unternehmen.

Wir wünschen Herrn Mustermann für seinen weiteren Lebensweg viel Glück.

Dr. Hautnicht
Geschäftsführer   **Wien, 31. 03. 2014**

BEISPIEL FÜR EIN GUTES ZEUGNIS

Frau Maria Musterfrau, geboren am 30. 11. 1974, wohnhaft in 1160 Wien, Speckbacherstraße 2/30 war in der Zeit von 01. 06. 2009 bis 10. 08. 2014 in unserem Unternehmen als Chefsekretärin beschäftigt.

John Eaton GesmbH ist ein auf Executive Search spezialisiertes Personalberatungs-unternehmen mit Geschäftsstellen in zwölf osteuropäischen Ländern.
Von Österreich aus werden diese Geschäftsstellen gesteuert und koordiniert.
Das Unternehmen wurde in Österreich im April 2009 gegründet.

In dieser Gründungsperiode hat Frau Maria Musterfrau sich als umsichtige und verlässliche Mitarbeiterin gezeigt, die Projekte selbstständig vorantreiben und koordinieren kann.

Zu den Hauptaufgaben von Frau Maria Musterfrau gehörte neben den klassischen Chefsekretariats-Agenden (diverse Korrespondenz, Terminplanung, Erstellung von Präsentationsunterlagen, telefonische Kunden- und Kandidatenbetreuung etc.) das Verfassen von vertraulichen Unterlagen in Deutsch, Englisch und Französisch; die Supervision in Organisationsfragen, sofern es die einzelnen Geschäftsstellen betrof-fen hat; die Organisation von Reisen der Berater und internationaler Meetings. Zweimal jährlich fanden in Wien interne Meetings statt, an denen alle Kollegen aus allen Ost-Büros teilnahmen – die Organisation und Koordination dieser Meetings lag im ausschließlichen Verantwortungsbereich von Frau Maria Musterfrau.

Frau Maria Musterfrau zeichnete sich durch sehr gute Fachkenntnisse und Engagement aus und zeigte sich den Anforderungen und Belastungen der Position sehr gut gewachsen. Sie erfüllte ihre Aufgaben stets zu unserer vollsten Zufriedenheit und wurde daher von ihren Vorgesetzten, Kollegen und den internationalen Partnern gleichermaßen geschätzt.

Frau Maria Musterfrau scheidet auf eigenen Wunsch aus unserem Unternehmen aus – wir verlieren damit eine loyale und professionelle Mitarbeiterin, bei der wir uns für die gute und angenehme Zusammenarbeit bedanken und der wir für die Zukunft alles Gute und weiterhin viel Erfolg wünschen.

Simon Eaton
Geschäftsführender Gesellschafter   ***Wien, 09. 08. 2014***

Oft kommt es vor, dass man Ihnen sagt: „Bitte, Sie wissen ja, wir haben Stress im Moment . . . schreiben Sie sich Ihr Zeugnis selbst und ich sehe es mir dann an und unterschreibe es."
Bitte Vorsicht! Halten Sie sich an die Vorgaben (wie bereits erläutert) und übertreiben Sie nicht. Wenn Sie sich zu sehr mit der rosaroten Brille sehen, wird das Zeugnis unglaubwürdig.

SELBST ERLEBT

Ein guter Freund von mir ruft mich an und teilt mir mit, dass seine Tochter nun aus dem Unternehmen ausscheiden wird und ihr Dienstgeber ihr angeboten hat, sich das Zeugnis selbst zu schreiben. Da die Tochter so etwas noch nie zuvor gemacht hatte, hat er ihr das Zeugnis vorbereitet und ich solle einen Blick darauf werfen.

Ich muss sagen, dass ich viele Väter kenne, die sehr stolz auf ihre Töchter sind, aber mein Freund übertrifft noch so manche.

Dementsprechend liest sich auch das Zeugnis. Das Fräulein Tochter ist charmant, klug, umsichtig, extrem fleißig und effizient. Praktisch hat sie das Unternehmen (nunmehr fast 200 Mitarbeiter) nahezu im Alleingang „geschupft".

Welche konkreten Aufgaben sie hatte, steht allerdings nicht im Zeugnis – geschweige denn, wie sie diese gelöst hat.

Das Zeugnis ist zwar nett, zeigt wie sehr der Vater seine Tochter liebt und stolz auf sie ist, aber ein brauchbares Dienstzeugnis wäre es nicht. Ein gutes Zeugnis zu schreiben ist gar nicht so einfach, weil es nie einfach ist einen Menschen in Hinblick auf seine Persönlichkeit sowie seine beruflichen Leistungen und Kapazitäten auf einer A4-Seite zu umschreiben und dabei noch allen rechtlichen und ethischen Anforderungen gerecht zu werden.

Z wie zu alt

Wie sang Udo Jürgens so schön „Mit 66 Jahren, da fängt das Leben an, mit 66 Jahren, da hat man Spaß daran". Das mag wohl stimmen, aber die Jahre davor sind für so manchen die schwierigste Zeit im Leben: Die Zeit ab 50, sofern man sich noch am Arbeitsmarkt orientieren muss und auf der Suche nach einem neuen Job ist.

Wer mit 52, 54 oder gar später seinen Arbeitsplatz verliert, hat es extrem schwer. Wer das biblische Alter von 50 Jahren erreicht hat, sieht sich der Brutalität der Jüngeren ausgesetzt. Aber Vorsicht, es sind nicht nur die Jüngeren, sondern auch Ältere, die sich nicht in die Situation eines Arbeitssuchenden hineinversetzen können. Es macht mich nichts zorniger als der weltfremde Satz „wer ernsthaft sucht und arbeiten möchte, der findet schon etwas".

Es ist nicht so.

Die schwierige Zeit beginnt schon kurz nach 45 Jahren und nach 55 ist es nahezu unmöglich eine adäquate Position zu finden. Ich spreche jetzt nicht von Top-Positionen oder von politischen Besetzungen (da ist nämlich das Alter und oft auch die Qualifikation „wurscht"). Aber dass es ältere Dienstnehmer schwer haben, liegt nicht nur an der bösen Welt, sondern auch am Umstand, dass viele Dienstnehmer (und -innen natürlich) relativ früh aufhören zu lernen. Einfach stehenbleiben. Der aktuelle Job ist fein, das Umfeld sympathisch, die Entlohnung fair, also warum über den Tellerrand schauen? Auf einmal kommt ein neuer Chef, ein neuer Eigentümer oder das Unternehmen sperrt zu und dann ist es passiert. Die betroffene Person kommt mit neuen Software-Paketen nicht mehr zurecht, Englisch ist auch kein Thema, hat man die letzten zehn Jahre auch nicht gebraucht. Gehaltlich liegt man aufgrund der Seniorität im letzten Unternehmen auch schon hoch und zurücksteigen ist gar nicht möglich und und und … Nichts als Hindernisse und so kommt es, dass der Teufelskreis sich nach unten dreht und einen einst verdienten und angesehenen Mitarbeiter in die Tiefe reißt.

TIPP

Gerade noch vertretbar ist es, sich dem olympischen Rhythmus anzupassen. Ich spreche von relevanter Aus- und Weiterbildung. Zumindest alle vier Jahre einen Kurs machen oder Kenntnisse auffrischen. Oder sich neu orientieren, aber auf keinen Fall stehenbleiben und das Erreichte als Endziel betrachten. Stellen Sie sich ein Ruderbootrennen vor: Sie rudern kräftig darauf los und haben sich bald vom Feld abgesetzt. Nun denken Sie sich, dass Rudern doch recht anstrengend ist und dass der Schwung und die Strömung Sie schon weitertreiben werden und hören auf zu rudern, um sich die Landschaft anzuschauen. Plötzlich werden Sie links und rechts überholt. Sie beginnen sofort wieder zu rudern, aber es dauert, bis Sie wieder den Rhythmus gefunden haben, es tun Ihnen auch die Muskeln rasch weh (weil nicht mehr aufgewärmt) und die Konkurrenz ist schon außer Sichtweite. Was tun Sie? Sie steigen aus dem Boot und schauen sich nach etwas anderem um, um bald festzustellen, dass es gar nicht so leicht ist, eine andere Sportart zu erlernen. Und so geben Sie auf und Ihr Körper wird, weil untrainiert, immer schwächer und schwächer – aus lauter Kummer essen Sie mehr und werden immer dicker und dicker … Nein Stopp, das ist eine Horrorgeschichte. Das traurige Ende ist absehbar, doch das Erfreuliche daran ist, dass es vermeidbar ist – zumindest am Arbeitsmarkt in Real Life. Der Satz vom „ewigen Lernen" ist nicht nur so dahingesagt, sondern hat seine Berechtigung. Am Ball bleiben heißt die Devise: Lesen, Lernen, sich engagieren und einbringen heißen die Zauberworte, damit mit 50 nicht die Krise ausbricht und mit 66 Jahren nicht das Leben erst anfängt, sondern lustig und munter weitergeht.

Ich kenne seit vielen Jahren einen Fotografen, der in der Branche über einen sehr guten Ruf verfügt. Er arbeitet unter anderem für ein führendes Wirtschaft-magazin, welches zu lesen, für jedermann sicher ein Gewinn wäre. Eines Tages treffe ich den Fotografen wieder. Nachdem einige Jahre seit unserem letzten Treffen vergangen sind, frage ich ihn, was es so Neues gibt. Und es gab eini-ges: er hatte eine Tischlerlehre begonnen und sich in Folge auf die Restaurie-rung von alten Möbeln spezialisiert und weil das alles so gut gelaufen ist, hat er eine kleine Tischlerei übernommen (der alt eingesessene Tischler wollte in Pension gehen).

Heute wissen auch gute Bekannte nicht, ob er Fotograf ist, der gelegentlich alte Möbel restauriert oder ob er ein geschickter Restaurator ist, der nebenbei auch ein genialer Fotograf ist. Und warum hat der Fotograf diesen Weg einge-schlagen? Einerseits, weil er sein Hobby zum Beruf machen wollte und anderer-seits, weil er erkannt hat, dass der Beruf eines Fotografen immer schwieriger wird. Die moderne Technik erlaubt es bereits einem durchschnittlich begabten Laien, tolle Bilder zu machen und sie auch zu bearbeiten. Gleichzeitig sparen (besonders in Zeiten sogenannter Krise) Unternehmen wo es nur geht und da ist es nicht so schlimm, wenn in einer Broschüre ein älteres Foto verwendet wird und außerdem verändert sich ein Firmengelände in drei Jahren auch nicht so dramatisch und der Vorstand freut sich über das alte Foto, weil er da einfach noch fescher aussieht als heute!

Ganz wichtig – Z wie Zuhören

Reden impliziert sehr oft Führungsqualität und Durchsetzungsvermögen. Zuhö-ren wird mit Passivität, Unwissenheit und „Untergebenen-Status" assoziiert. Das ist natürlich völlig falsch.

Sie kennen den Kollegen sicher auch. Vielleicht ist er sogar in Ihrem Unterneh-men oder noch schlimmer – in Ihrer Abteilung. Der Anonymität wegen wollen wir ihn „Quack" nennen. Herr Quack redet viel und gern, in Meetings ganz besonders. In keiner Situation ums richtige Wort verlegen, weiß er sprachgewandt über jedes noch so komplizierte Thema etwas zu sagen, verbale Bedenken oder gar Angriffe wehrt er wirklich „cool" ab. Ganz logisch für alle, die unserem Herrn Quack zuhören und ihn beneiden, Herr Quack wird sicher demnächst einen Karrieresprung machen.

Reden, reden, reden – der Schlüssel zum Erfolg? Ich denke eher nein

Die Zeiten ändern sich und so auch die Managementstile. Heute kommt es vielmehr auf die Fähigkeit Zuhören zu können an, als noch vor einigen Jahren. Zuhören ist

Auch wenn Sie noch so im Stress sind, nehmen Sie sich als Führungskraft –
auch als sehr junge Führungskraft – die Zeit für einen regelmäßigen Jour Fix.
Fragen Sie Ihre Mitarbeiter/innen nach ihren Meinungen zu bestimmten
Themen, aber lassen Sie auch genug Freiraum, damit spontane Meinungs-
äußerungen möglich sind und dann hören Sie gut zu.

die wichtigste Eigenschaft eines Managers – sie als Teil des Arbeitsstils zu praktizie-
ren, zeugt von Mut, denn wer zuhört, gilt als passiv, untergeben, durchsetzungs-
schwach. Je höher die Funktion und desto zentraler die Position im Unternehmen,
desto wichtiger nehmen viele die eigene Meinung, hören sich gerne reden und glauben, viel reden zu müssen. Anderen zuzuhören, ist nicht mehr notwendig. Dabei
sollten Chefs – schon aus purem Egoismus – ihren Mitarbeiter/innen mehr Aufmerksamkeit schenken und zuhören. Denn Fachwissen und Meinungen der Mitar-
beiter/innen zu ignorieren, wäre dumm – sogar sehr dumm. Dass Mitarbeiter-
Ideen dem Unternehmen innovative Impulse bringen, die Effizienz steigern und vor
allem sparen helfen, haben mittlerweile zahlreiche Führungskräfte erkannt. Dass
Sparen schon lange nicht so notwendig war wie heute, ist ja hinlänglich bekannt.

Z wie Zukunft

Vor allem junge Leute stellen sich zu Recht die Frage: Was hat Zukunft? Noch öfters
stellen sich besorgte Eltern die Frage, was soll ich meinem Kind raten, was soll es
für eine Ausbildung machen? Auch der Autor dieses Karriere-Ratgebers ist kein
Hellseher und daher weiß er es ebenso wenig mit hundertprozentiger Sicherheit.
Er möchte jedoch durch einige Überlegungen zum Thema, sich der Beantwortung
der Frage nähern.
> Die österreichische Wirtschaft ist eine (im Wesentlichen) kleine und mit-
  telständisch geprägte Wirtschaft. Also wenige Konzerne, einige Großunter-
  nehmen, viele kleine und mittelständische Unternehmen.
> Ob groß oder klein – alle müssen sparen. Das Thema des punktgenauen
  Personaleinsatzes ist ein sehr Wichtiges geworden. In Spitzenzeiten oder
  bei besonderen Projekten Personal „zukaufen", in Normalzeiten eine eher
  schlanke Belegschaft.
> Österreichs Rolle in Europa hat sich in den letzten Jahren verändert. Auch
  wenn Politiker das mitunter anders sehen, aber Österreich ist nicht mehr
  DAS Tor zum Osten, so wie es früher war. Viele Unternehmen aus Deutschland, Frankreich, Italien oder aus den Skandinavischen Ländern gehen direkt nach Ungarn, in die Slowakei oder in die Tschechische Republik.
Österreich ist eines von mehreren interessanten Ländern der Region. Amerikaner und Westeuropäer sprechen oft von Osteuropa und auf deren firmeneigenen Landkarten findet sich Österreich sehr oft in der Region Osteuropa. Was nicht

schlechter ist, aber ein Mehr an Mobilität voraussetzt. Das Headquarter ist dann nicht zwangsläufig Wien, sondern vielleicht Bratislava oder Budapest.

Welche Berufe haben nun Zukunft?

Mit Sicherheit sind es die **beratenden Berufe.** Wir leben im Zeitalter des „Outsourcings". Die Welt dreht sich immer schneller – daher haben Projekte einen hohen Stellenwert. Die Komplexität steigt nahezu täglich. Der Berater kommt, erledigt sein Projekt und stellt seine Rechnung – und steht somit nicht auf der „Pay Roll". Ich brauche mir als Auftraggeber somit keine Sorgen machen über Lohnnebenkosten, Grippewelle, Karenzen etc.

Trotz der Finanzkrise, die seit Ende 2008 die USA, Asien und Europa in Atem hält, wird der **Finanzdienstleistungssektor** interessant bleiben.

Banken, Versicherungen, Finanzdienstleistungsunternehmen werden generell, vor allem im Bereich der Kundenberatung für Private und Unternehmen, expandieren.

Nach der Krise werden sich die Banken wieder darauf besinnen, dass Primäreinlagen auch interessant sind und ebenso der kleine Gewerbetreibende um die Ecke ein interessanter Kunde sein könnte.

Wie sagte schon Johannes Mario Simmel: „Es muss nicht immer Kaviar sein!" Umgedacht: Es müssen nicht immer ABS (Asset Backed Securities, die zurzeit so vielen Banken Kopfzerbrechen bereiten) sein, es darf auch ein kleiner Investitionskredit oder gar ein Bausparer sein.

Tourismus und Freizeitbereich

Österreich ist ein herrliches Land mit enorm hoher Lebensqualität. Österreich ist nach wie vor eine Topadresse, wenn es um Tourismus geht – Sommer wie Winter.

Berufe in Tourismus und Freizeitbereich haben nach wie vor Zukunft – unter anderem, weil immer mehr Menschen immer mehr Zeit haben. Der Massentourismus wandelt sich zum sanften Tourismus. Erlebnis und Wellness sind ein großes Thema.

Gesundheitsbereich

Höhere Lebenserwartung bringt immer ein weites Betätigungsfeld. Stichwörter sind dabei „sanfte Medizin" sowie der Pflegebereich.

Ich persönlich habe viele Freunde, die Ärzte sind, und möchte daher vorsichtig sein, um die „Lebenserhalter und -verlängerer" nicht zu vergrämen. Aber eines ist sicher: Ärzte braucht das Land, braucht Europa, brauchen vor allem auch Asien und Afrika.

Seit Jahren hören wir aus Ärztekreisen, dass das Leben und der Verdienst nicht mehr das sind, was sie einmal waren – kann schon sein, kann ich nicht sagen. Aber Arzt sein ist ein schöner Beruf und eine Berufung zugleich. Als Beruf sicher ein Beruf mit Zukunft.

Ebenso Krankenpfleger oder Krankenschwester – was wären wir ohne sie? Eine

Berufsgruppe, die man gar nicht hoch genug einschätzen kann. Aufgrund der Bedeutung dieser Berufsgruppen traue ich mich auch enorme Lohn- und Gehaltserhöhungen für die nächsten zehn Jahre vorauszusagen.

Umwelt – Planen statt Reparieren

Umwelttechnik, Entsorgung, Recycling – das alles verspricht ein einträgliches, weil notwendiges Geschäft zu werden. Auch wenn im Moment die finanziellen Mittel dafür nicht bereitgestellt werden. Das ist aber eher ein Politikum und hat mit dem Staatshaushalt wenig zu tun.

Richtung Osten und China

Osten – aber Vorsicht! Je unattraktiver die Location, desto besser bezahlt und umso anspruchsvoller die Position. Die Destinationen sind heute jedoch nicht mehr Prag und Budapest – diese Länder haben selbst genug Topleute mit mehrjähriger internationaler Erfahrung –, sondern Kasachstan, baltische Länder sowie nach wie vor Rumänien und Bulgarien.

China wird zum großen Schwamm für Führungskräfte und Spezialisten, auch wenn im Moment noch „Krise" herrscht – aber der Bedarf an Experten wird drastisch steigen.

Z wie Zungenpiercing (. . . und andere Modetrends)

Es sind oft junge Damen, die sich sehr modebewusst und modern geben und dadurch ihre Lebenslust nach außen hin zeigen. Dagegen ist nichts zu sagen. Allerdings sind Recruiter/innen oft sehr konservativ und manchmal noch dazu feige. Da sagt man dann nicht: „Ihr Zungenpiercing kommt bei unserem Kunden nicht gut an", sondern: „Wir danken Ihnen für das gute Gespräch, wir melden uns bei Ihnen in zirka 14 Tagen mit einer Entscheidung!" Ziemlich genau eine Woche später kommt dann ein Brief oder eine E-Mail mit dem Inhalt: „. . . wir bedauern Ihnen mitteilen zu müssen, dass . . ."

Minirock, Bauchfreiheit, tiefes Dekolleté und Piercings kommen in der Regel ganz schlecht an. Die Personalisten fürchten, dass die so auftretende junge Dame Unruhe ins Team bringen wird und dass der ins Haus kommende Kunde oder Geschäftspartner leicht irritiert sein könnte. Also Vorsicht und nicht sofort jeden Modetrend nachmachen.

TIPP

Gehen Sie relativ konservativ gekleidet zum Vorstellungsgespräch –
das kann nicht schaden. Haben Sie dann den Traumjob ergattert, warten Sie
erst einmal ab. Nach ein bis zwei Wochen sehen Sie dann, wie sich Ihre
Kollegen kleiden und Sie können das Passende aus Ihrem Schrank wählen.
Besonders gefährlich ist natürlich der Sommer, da viele zu oft zu „wenig" Textil
neigen. Aber wie gesagt, das kann leicht zum Bumerang werden.

SELBST ERLEBT

Es ist zirka zehn Jahre her und ich habe für eine große österreichische Bank
einen EDV-Spezialisten gesucht (so hieß das damals noch). Vis-a-vís von mir
saß ein junger, sympathischer Mann mit guter und passender Erfahrung. Fesch
und modisch gekleidet – moderner Anzug, dazu passende Krawatte. Am Hand-
gelenk ein massives Goldarmband und ein überdimensionales „Flinserl" im
Ohr. Ich – stets Berater meiner Kunden, aber auch meiner Kandidaten – mache
ihn darauf aufmerksam, dass sowohl die Bank, als auch der Leiter des
Recruitings sehr konservativ seien und dass ich ihm deshalb raten würde,
auf den Ohrschmuck zu verzichten. Stille trat ein. Das Gesicht meines
Gesprächspartners verfinsterte sich schlagartig und wurde zudem auch dunkel-
rot. Und dann kam es ganz dick für mich. Er sprang auf, brüllte mich an und
fragte mich, ob ich glaubte, „der liebe Gott" zu sein, und außerdem wolle er in
dieser sch*** Bank ohnehin nicht arbeiten, wenn das „Flinserl" wichtiger sei
als seine Persönlichkeit. Bevor ich den Mund wieder schließen konnte,
knallte er die Tür hinter sich zu.

Ich war zwar noch immer verdutzt, aber auch mächtig froh, denn ich stellte mir
vor, was passiert wäre, wenn er dieses Auftreten bei meinem Kunden gezeigt
hätte (und ich bin mir noch heute zu 100 Prozent sicher, dass mein Kunde ihn
darauf angesprochen hätte). Nicht auszudenken – ich hätte sicher wenig Lob
dafür bekommen, wenn ich diesen Kandidaten vorgestellt hätte.

Anhang

Der Postkorb im Rahmen eines Assessment Centers

Nun haben Sie die Möglichkeit, einen echten AC-Postkorb zu erarbeiten. Lesen Sie sich die Angabe gut durch und versuchen Sie, in den nächsten 45 Minuten die Aufgaben zu lösen.

Hilfestellung:
In der Aufgabe steht „Bearbeiten Sie diese Unterlagen so genau und nachvollziehbar wie möglich." Also gehen Sie Information für Information durch und überlegen Sie jeweils, ob Sie einen Handlungsbedarf haben. Wenn ja, was tun Sie? Wenn nein, gehen Sie zur nächsten Information.

Schrauben AG

Die Situation:

Die Schrauben AG hat in Wien ein kleines Vertriebsbüro mit zwei Mitarbeitern. Der Geschäftsführer, Herr Alexander Reich, ist sehr viel unterwegs und daher ruht viel Verantwortung auf seiner Assistentin – auf Ihnen!

Die Schrauben AG in Wien ist die Osteuropa-Zentrale für sechs Länder: Ungarn, die Slowakei, Russland, Polen, die Tschechische Republik und Serbien.

Sie sind Frau Maria Gross.

Heute ist Montag, der 24. November. Sie kommen gerade ins Büro. Es ist 08.00 Uhr und Sie finden folgende Unterlagen vor.

Bitte bearbeiten Sie diese Unterlagen – so genau und ebenso nachvollziehbar wie möglich.

Viel Erfolg Frau Gross!

Allgemeine Informationen:

Die Schrauben AG hat weltweit 11.350 Mitarbeiter.

Die erfolgreichste Produktgruppe – gemessen an den Verkaufs- und Umsatzzahlen – ist die Produktgruppe A.

Der Deckungsbeitrag (die Marge) ist bei Gruppe B am größten.

Von den osteuropäischen Gesellschaften ist Russland die größte, Serbien die kleinste.

Am 24. 11. entspricht Euro 1,00 = US$ 1,24.

Die Fluglinie Air France streikt (Pilotenstreik) von 18. 12. bis 20. 12.

Antoine Roux ist der VP Europe der Schrauben AG und mit Alexander Reich befreundet.

Liebe Frau Maria,

*ich habe meine Termine verschieben müssen und bin bereits nach New York
unterwegs. Sie können mich erst morgen, Dienstag, wieder erreichen.
Bitte veranlassen Sie, dass Herr Baxter mir die Unterlagen direkt nach New York zu
unserem Kunden schickt – die E-Mail-Adresse habe ich noch nicht, aber fragen Sie
Uschi. Ohne die Berechnungen von Herrn Baxter ist der Termin sinnlos.*

*Und noch eine Bitte:
Buchen Sie mir den Flug nach Paris – ich habe mit Jean einen Termin auf der
Champs Elysées heute in einer Woche. Die Konferenzräume hat Jean bereits gebucht.*

*Eine letzte Bitte:
Ich habe vergessen die Umsatzzahlen ins Headquarter zu senden.
Bitte, Sie brauchen nur die sechs Seiten in das dafür vorgesehene Tableau
einzutragen und die Gesamtsumme zu addieren.*

Wir hören einander morgen!

*Liebe Grüße
Alexander*

E-MAIL:
MONTAG, 24. 11./8.15 UHR

Lieber Alexander,

ich habe meine Reise so verändern können, dass ich am 1. Dezember in Wien bin.
Ich komme um 09.00 Uhr mit der Maschine der Air France und fliege mit Austrian um 20.20 Uhr wieder retour.

Bitte lass Frau Gross folgende Dinge für mich vorbereiten:
> Forecast Region 2 für Dezember 2008
> Die Unterlagen aus der Besprechung mit Herrn Baxter
> Die Analyse der Zahlen in Ungarn

Herzliche Grüße
Antoine

E-MAIL:
MONTAG, 24. 11./8.30 UHR

Sehr geehrter Herr Reich,

ich habe veranlasst, dass die Broschüre „Schrauben AG – 100 Jahre Erfolg" neu aufgelegt wird. Ich habe bei der Druckerei Albu 1.000 Stück zum Preis von 18,00 Euro pro Stück bestellt. Ich bräuchte Ihr Okay bis spätestens 2. Dezember.
Die gute Nachricht zum Tag: der Werbefilm ist auch schon fertig und wird heute um 12.00 Uhr präsentiert.
Ich fahre direkt zur Agentur – gemeinsam mit dem Chef (Herr Dr. Huber nimmt mich in seinem neuen Auto mit! ;-)).

Herzliche Grüße
Uschi

P. S.: Ich bin ab morgen auf Urlaub – schicke Ihnen aber eine Karte aus L. A.

E-MAIL:
MONTAG, 24. 11./9.35 UHR

Sehr geehrter Herr Reich,

ich möchte nochmals daran erinnern, dass wir vereinbart haben,
dass Sie mir bis spätestens heute „Green Lights" für die Bestellung der beiden
VW-Passat geben. Ich bin bis 18.00 Uhr erreichbar.

Herzliche Grüße
Martin Pachler

P. S.: Ich will Sie nicht drängen, nur sichergehen, dass Sie in den
Genuss des 3%-Sonderrabatts kommen.

E-MAIL:
MONTAG, 24. 11./10.40 UHR

Môj milý priateľ,

ďakujem ti za tvoju pomoc minulú nedeľu.
Do Linzu sme potom dobre dorazili. Deti už spali.
Mária by ťa rada pozvala ku svojim narodeninám 12. decembra o 16:00 hod.

S pozdravom
Maroš

E-MAIL:
MONTAG, 24. 11./13.00 UHR

Cher ami,

*ich wollte dir nur sagen, dass, wenn du willst, ich dich beim Meeting
in Moskau pushen kann. Ich bin die ganze Woche in Moskau und fliege erst
am Samstag nach Paris zurück.*

Alles Liebe
Jean

With best regards
Jean Petit

E-MAIL:
MONTAG, 24. 11./13.46 UHR

Sehr geehrter Herr Reich,

*ich möchte, dass die Woche für uns beide gut beginnt.
Ich habe mit meinem Chef gesprochen und er ist damit einverstanden,
die Transportkosten zu übernehmen – sofern Sie sich noch
bis Ende der Woche entscheiden.*

Mit freundlichen Grüßen
M. Bachler

Reporting Austria		October 2008
Turnover	€	85.000,00
Product A:	€	80.000,00
Product B:	€	2.000,00
Product C:	€	2.500,00
Product D:	€	500,00
Ongoing Projects	€	73.000,00
Total Forecast December	€	78.000,00
Total Forecast 2008	€	1.000.000,00

Reporting Poland		October 2008
Turnover	€	120.000,00
Product A:	€	40.000,00
Product B:	€	40.000,00
Product C:	€	20.000,00
Product D:	€	20.000,00
Ongoing Projects	€	100.000,00
Total Forecast December	€	24.000,00
Total Forecast 2008	€	2.500.000,00

Reporting Hungary		October 2008
Turnover	€	85.000,00
Product A:	€	70.000,00
Product B:	€	5.000,00
Product C:	€	6.000,00
Product D:	€	4.000,00
Ongoing Projects	€	72.000,00
Total Forecast December	€	6.000,00
Total Forecast 2008	€	1.685.000,00

Reporting Slovakia		October 2008
Turnover	€	203.000,00
Product A:	€	50.000,00
Product B:	€	50.000,00
Product C:	€	60.000,00
Product D:	€	43.000,00
Ongoing Projects	€	175.000,00
Total Forecast December	€	83.000,00
Total Forecast 2008	€	3.600.000,00

Reporting Czech Rep.		October 2008
Turnover	€	180.000,00
Product A:	€	50.000,00
Product B:	€	50.000,00
Product C:	€	30.000,00
Product D:	€	50.000,00
Ongoing Projects	€	104.000,00
Total Forecast December	€	93.000,00
Total Forecast 2008	€	3.650.000,00

Reporting Russia		October 2008
Turnover	US$	220.000,00
Product A:	US$	208.000,00
Product B:	US$	
Product C:	US$	
Product D:	US$	12.000,00
Ongoing Projects	US$	184.000,00
Total Forecast December	US$	103.000,00
Total Forecast 2008	US$	6.000.000,00

Reporting Serbia	October 2008	
Turnover	€	800.000,00
Product A:	€	25.000,00
Product B:	€	5.000,00
Product C:	€	30.000,00
Product D:	€	20.000,00
Ongoing Projects	€	29.000,00
Total Forecast December	€	18.500,00
Total Forecast 2008	€	800.000,00

Figures October 2008 – Region 2

	Turnover (€)	Product A	Product B	Product C	Product D	Total Forecast 2008
Austria						
Czech Rep.						
Hungary						
Poland						
Russia						
Serbia						
Slovakia						

Das war nun der erste Teil – der schriftliche Teil

Nun würde Sie der Moderator zu einer mündlichen Nachbesprechung auffordern (gibt es in der AC-Gruppe mehrere Kandidaten/innen, kann es sein, dass der Moderator nach einem Freiwilligen fragt – wenn das der Fall ist, unbedingt melden). Freiwillige haben ein großes Plus.

Die Fragen des Moderators

(bevor Sie umblättern, versuchen Sie die Fragen zu beantworten)

1. Schauen Sie mir bitte in die Augen und sagen Sie mir, wer Sie in diesem Beispiel sind und wie heißt Ihr Chef?

2. Wie heißt das Unternehmen, in dem Sie arbeiten? Wissen Sie, wie viele Mitarbeiter/innen das Unternehmen ungefähr hat?

3. Erzählen Sie mir ganz einfach was Ihnen alles aufgefallen ist und was Sie gemacht haben.

**Nun sehen Sie sich das Auswertungsblatt an.
Haben Sie alles richtig erkannt?**

Auswertung

1. Der Kandidat kann sagen, wie er selbst
   und sein Chef heißt.
   Ich heiße Maria Gross, mein Chef ist Herr Alexander Reich ...
2. Der Kandidat kann die ungefähre Mitarbeiteranzahl
   der Schrauben AG nennen.
3. Dem Kandidaten ist aufgefallen, dass der
   russische Umsatz in US$ angegeben wurde.
4. Dem Kandidaten ist aufgefallen, dass der serbische Umsatz ein
   Druckfehler sein muss.
5. Der Kandida weiß Bescheid, dass Uschi nur
   bis höchstens 11.00 Uhr da ist.
6. Der Kandidat hat den Flug gebucht – kein Problem,
   der Streik findet erst später statt.
7. Der Kandidat ist informiert, dass Jean rechtzeitig
   aus Moskau zurück ist.
8. Dem Kandidaten ist aufgefallen,
   dass Herr Pachler nicht Herr Bachler ist.
9. Der Kandidat hat den slowakischen Brief richtig behandelt und nicht auf
   „gut Glück" etwas vereinbart. Eine mögliche Lösung wäre, dem Absen-
   der ein einfaches Mail mit der Bitte um eine englische Übersetzung zu
   retournieren, da man selbst nicht slowakisch spricht.
10. Dem Kandidaten ist die Terminkollision mit
    Jean und Antoine bewusst.

Wenn nein, ist das unter Umständen nicht all zu tragisch. Tragisch wäre es jedoch, wenn Sie bei der Nachbesprechung falsch reagieren. Wenn Sie zum Beispiel
nicht erkannt haben, dass der russische Umsatz in US$ angegeben wurde und Sie
den Dollar mit dem Euro addiert haben – es wäre nicht schlau zu sagen „... wäre eh
ungefähr der gleiche Wert."

Nun eine Postkorbübung für Fortgeschrittene

Bedenken Sie bei der Erledigung Folgendes:

Die Übung besteht aus drei Teilen. Anders ausgedrückt: Sie werden anhand von drei Teilleistungen beurteilt:

> Die Nachvollziehbarkeit Ihrer Arbeit.

> Ob Sie die Zusammenhänge erkennen, die richtigen Entscheidungen treffen und ob Sie nach 45 Minuten Beschäftigung mit einer Situation, sich wichtige Dinge gemerkt haben.

> Die Art und Weise wie Sie sich in der Nachbesprechung verhalten.

Und nun – schauen Sie auf die Uhr. Sie haben 45 Minuten. Los geht es!

Angabe Herr Andreas Gruber

Sie sind Herr Andreas Gruber; Sie sind Vertriebsleiter der Speed-up KG, einem Unternehmen, das sich mit der Produktion und dem Vertrieb von Renn-Go-Carts beschäftigt.

Ihre Frau Erna ist Zahnärztin; Sie haben drei Kinder: Bernhard (16 Jahre), Elfriede (14 Jahre) und Andreas (fünf Jahre); Ihr Haushalt wird komplettiert mit Dackel Fridolin und Kater Leroy.

Ihr Haus hat neun Zimmer plus Nebenräume; in der Garage steht Ihr Audi A6 und Ihr Motorrad (eine Honda Gold Wing).

Angabe Speed-up KG

Die Speed-up KG ist ein im Jahr 1954 gegründetes Unternehmen, das sich mit der Produktion und dem Vertrieb von Renn-Go-Carts beschäftigt.

Einige Angaben zum Unternehmen:

178 Mitarbeiter, verteilt auf zwei Standorte; Firmenzentrale in Wien mit 88 Mitarbeitern, vorwiegend im Vertrieb, in der Administration und im Rechnungswesen, sowie einer Produktionsstätte in Sofia mit 90 Mitarbeitern.

Einige Kennzahlen:

Jahr	Mitarbeiter	Umsatz (€ Million)
1995	100	10,87
2000	138	15,02
2005	205	17,86
2010	178	17,05

Organigramm

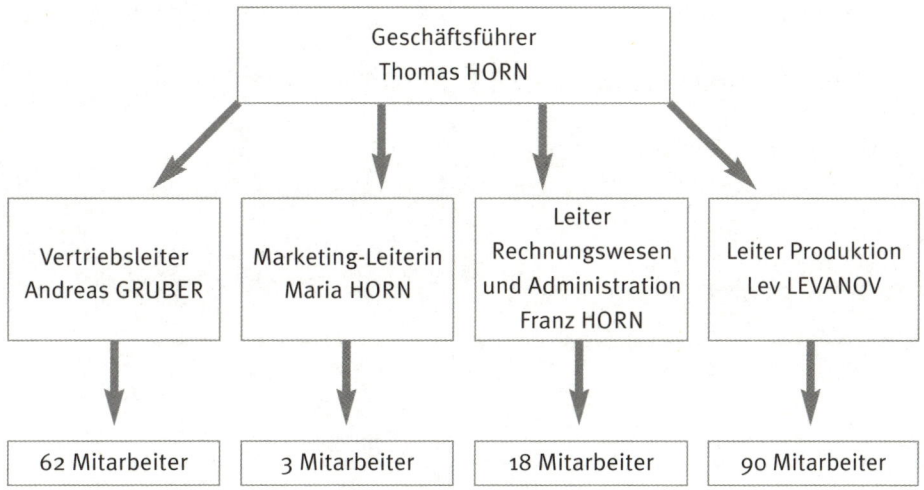

Heute ist Donnerstag, der 10. April 2011.

Sie sind gerade am Flughafen in Wien Schwechat gelandet. Es ist 15.00 Uhr. Sie kommen von einer zweiwöchigen Auslandsreise zurück. Sie waren eine Woche in Sofia und haben mit dem Produktionsleiter die neue Produktentwicklung besprochen und sind anschließend nach Moskau gereist, wo Sie zwei Ihrer größten Kunden besucht haben und zum Abschluss haben Sie Frau Horn getroffen und mit ihr den Speed-up-Messestand bei der großen Freizeitmesse in Kiev betreut. Frau Horn ist nach Los Angeles gereist, um dort mit einem Mitbewerber ein Jointventure zu besprechen, während Sie nach Wien zurückgeflogen sind.

Sie werden am Flughafen völlig überraschend von Herrn Horn, Ihrem Geschäftsführer, erwartet. Da seine Frau Susi einen schweren Unfall hatte und ins Spital gebracht wurde, kann er die für das Unternehmen extrem wichtige Südafrika-Reise nicht antreten. Er ersucht Sie, dringendst zu fliegen. Sie wollen und können ihm den Wunsch nicht abschlagen. Der Flug ist um 20.30 Uhr. Sie können gerade noch nach Hause fahren, um Ihren Koffer neu zu packen sowie kurz im Büro vorbeischauen, um die Unterlagen für Südafrika abzuholen, die Herr Horn in seinem Stress hat liegen lassen. Herr Horn verabschiedet sich bei Ihnen, indem er sagt, dass Sie seinen Anrufbeantworter abhören und auch schauen sollen, ob am Schreibtisch etwas „herumliegt". Sie steigen in ein Taxi und fahren ins Büro und dann nach Hause.

Sie haben 45 Minuten Zeit, die Informationen, die Sie im Büro und zu Hause vorfinden, zu bearbeiten.

Viel Glück, Herr Gruber!

weiße Mappe = Info zu Hause

- Mobilbox/Anrufbeantworter =

- Küchentisch (Papier) =

graue Mappe = Infos im Büro

-Mobilbox/Anrufbeantworter =

- Maileingang = **@**

Lieber Andi,

das ist das erste Mal seit 15 Jahren, dass wir so „fliegend" übergeben. Ich habe das überhaupt nicht gerne, aber da ich einen Hauptteil des Kongresses bestreiten werde, muss ich wohl fahren. Ich bin ganz aufgeregt und davon überzeugt, dass dieser Kongress die Zahnheilkunde revolutionieren wird. Ich hoffe, dass in Toronto das Wetter wärmer ist als hier.

Ich komme am 17. zurück. Die Maschine aus Toronto wird um 19.30 Uhr landen.

Bussi,
Erna

P. S.: Denk daran, Andy vom Kindergarten abzuholen – bitte sei pünktlich, er ist sonst so panisch. Das Essen steht im Kühlschrank.

Sehr geehrter Herr Gruber,

... Der Jugendförderungspreis für musikalische Kinder wird an Ihre Tochter Elfriede am 5. Juni im Konzerthaus verliehen. Bitte teilen Sie uns bis spätestens 16. Mai mit, wie viele Personen an der anschließenden Feier teilnehmen werden ...

Mit freundlichen Grüßen
Prof. Dr. Schuster

Guten Tag, hier spricht Hofenschnaub von Ihrer Audi-Werkstätte.
Es tut mir leid, aber der Wagen ist noch immer nicht fertig, da der Versicherungsmann ihn noch nicht besichtigt hat.
Am kommenden Montag sind es genau drei Wochen, dass ich dem Burschen nachlaufe. Ich bin selbst schon ganz verzweifelt!
Kommen Sie morgen, Freitag um 11.00 Uhr, zu mir, dann bekommen Sie einen Leihwagen. Ich habe einen ganz tollen A8.

Auf Wiedersehen

Sehr geehrter Herr Gruber,

die schulischen Ergebnisse Ihrer Tochter sind weniger gut als in früheren Jahren. Bitte kommen Sie am 14. zu mir oder rufen Sie mich an, um einen neuen Termin zu vereinbaren.

Prof. Schlagenlurf

Lieber Andreas,
Schachturnier in Rom ist bereits gebucht.
Bitte zahl den Erlagschein noch vor dem 21. ein, damit die Anmeldung auch gültig ist.

Eingeschriebener Brief – Polizeilandesdirektion Niederösterreich

Der Lenker des Audi A6 mit dem behördlichen Kennzeichen W-GRU-BER1 wurde am 30. März im Ortsgebiet von Melk mit 120 km/h „geblitzt".
Sie werden zu einer Verwaltungsstrafe von EUR 1.200,– verurteilt.
Gegen diesen Bescheid können Sie bis zum 15. April 2011 Einspruch erheben.

Grüß Gott Frau Gruber!
Ich wollte nur sagen, dass Ihre neue Küche am 22. April geliefert und montiert wird.

Hallo Papa!
Ich komme heute nicht zum Abendessen. Ich bin um 21.00 Uhr mit Susi verabredet – wir gehen ins Kino.
Alles Liebe
Bernhard

P. S.: Ich bin nach der Schule beim OBI; wenn du etwas brauchst, ruf mich an – ich hab Mamas zweites Handy mit (0664/28 03 83).

Hallo Frau Gruber, Goldhuber spricht.

Ihre Uhr ist abzuholen. Bitte bedenken Sie, dass wir nur bis morgen, 14.00 Uhr offen haben und dann wegen Unternehmensschließung nicht mehr erreichbar sind.

Auf Wiedersehen

Hallo Erna, Mama spricht.

Erna-Schatz, ich habe nicht verstanden, was du auf den Anrufbeantworter gesprochen hast. Ich komme wie vereinbart am Samstag und bleibe eine Woche. Bitte sag Andreas, er soll mich vom Zug abholen. Ich komme um 14.20 Uhr am Westbahnhof an.

Bussi, Mama

Hallo Herr Horn,

bitte bringen Sie die Kalkulation und den Prüfbericht für die Spider-Modelle mit. Ohne diese Prüfberichte bekommen wir von der Behörde keine Genehmigung und ohne Genehmigung ist das Meeting mit Dr. Eberlan sinnlos.

Bis Samstag!

Herzliche Grüße
David

Sehr geehrter Herr Horn,

ich habe eine gute und eine schlechte Nachricht für Sie.

Zunächst die gute: Die Abgaswerte sind phänomenal und weit unter der in Südafrika üblichen Toleranzgrenze. Alles Bingo!

Das Problem ist, dass ich den Stempel des Bundesumweltamtes erst am Montag in der Früh bekomme. Von Frau Häfele habe ich die Faxnummer von Herrn Schleierman bekommen – ich weiß, dass Sie dort um vier Uhr sein werden. Damit Sie es für Dienstag haben, faxe ich es um Punkt 16.30 Uhr durch. Ich hoffe, das genügt für's Erste. Das Original sende ich per DHL nach. Die Ergebnisse sind wirklich toll und werden Furore machen. Mit diesen Carts werden sogar die Umweltschützer keine Probleme haben. Es ist einfach genial.

Alles Gute für die Reise und bis bald!
Paul Röber

Hi Thomas!

Ich bin ganz aufgeregt – aber ich will dir, bevor du wegfliegst, nur sagen, dass unsere Befürchtungen eingetroffen sind. Angeblich findet am 26. April im Hilton eine Pressekonferenz statt. Sniperman gibt bekannt, dass er Hyperrace verlässt und sich mithilfe von Martinez selbständig macht und somit unser größter Konkurrent wird. Wer vom Team mitgeht, ist noch unklar – ich könnte mir vorstellen, dass Blake, Sven und Ulf mitgehen.

Naja, das war es auch schon. Wir sehen uns am 2.

Alles Liebe
Hans

SÜDAFRIKA-DOSSIER
Timetable

Friday, 11th	18.00	Dinner with Peter Young
Saturday, 12th	11.00	Meeting with David Bloomberg
	14.00	Meeting with Alexander Van Kleibl
	18.00	Meeting with Dorothea Kramlich
Monday, 14th	09.00	Meeting with David Bloomberg/Schäffer
	13.00	Meeting with Takao Yamamoto
	16.00	Meeting with Ulf Schleierman
Wednesday, 16th	09.00	Meeting with Peter Young/Bronkhorst
	17.00	Meeting with Afif Erberlan
Thursday, 17th	10.00	Meeting with Luis Stefano
	14.00	Meeting with Hans Goldenberg
	20.00	Plane/Home

Sehr geehrter Herr Gruber,

wir sind an einer Kooperation sehr interessiert und haben ein Meeting mit unserer Hausbank und mit allen vier Eigentümer-Vertretern für den 14. April um 10.00 Uhr in unserem Haus organisiert.

Mit freundlichen Grüßen
Dr. Gerald Schütz
Geschäftsführender Gesellschafter Huber & Schütz

Interne Email

To: A. Gruber, M. Horn, F. Horn, L. Levanov, S. Sunderman

Das Meeting mit Abteilungsleiter Schüssler findet wie geplant am 22. April statt.

Hi Mr. Horn,

I am sorry but we have to postpone our meeting from 4 pm to next day 08.30 am. Really sorry!

Sincerely yours
Ulf Schleierman

(copy: Gregory Sniperman)

Sehr geehrter Herr Horn,

es tut mir leid, dass die Fotos nicht fertig geworden sind, aber wir hatten ein technisches Problem.
Am Dienstag bringe ich sie um 10.30 Uhr vorbei.

Mit freundlichen Grüßen
F. Flott

Hallo Thomas!

Ich freue mich, Dich wiederzusehen und gemeinsame Projekte umzusetzen. Mit etwas Glück wird das der Deal meines Lebens. Aber bitte ganz
wichtig: Bring die Fotos des Prototypen „Challenger" mit. Bronkhorst will
unbedingt das Foto sehen!

Alles Liebe

Peter

Cher Monsieur Horn,
je suis tout à fait conscient du problème mais je dois vous rencontrer
immédiatement dès votre arrivé à Genève.

Sincèrement

Jean-Luc Perdu

Nachbesprechung

Der Moderator des Assessment Centers und der Kandidat sitzen sich gegenüber:

Moderator: Schauen Sie mir in die Augen (also nicht in die Unterlagen) und sagen Sie mir bitte, wer sind Sie in diesem Rollenspiel?

Kandidat gibt eine Antwort. Oft sind die Testpersonen nicht in der Lage den richtigen Namen zu sagen.

Moderator: Wie sieht Ihre Familie aus?

Kandidat gibt eine Antwort. Idealerweise kann die Testperson den Namen und vielleicht auch das jeweilige Alter der Familienmitglieder sagen.

Moderator: Haben Sie Haustiere?

Kandidat gibt eine Antwort. Wenn Hund und Katze, aber ohne Namensnennung genannt werden, ist es auch okay.

Moderator: Kommen wir nun zum Unternehmen. Wie heißt das Unternehmen? Können Sie mir etwas erzählen?

Kandidat gibt eine Antwort. Idealerweise kann die Testperson den Namen und Mitarbeiteranzahl und Umsatz nennen. Größenordnungen sind auch okay.

Moderator: So, nun können Sie in Ihre Notizen schauen. Sagen Sie mir, was Sie mit jeder einzelnen Information gemacht haben.

Wichtig: Wie beurteilt die Testperson die Lage des jüngsten Kindes? Wer soll sich um den Kleinen kümmern? Was passiert mit der Schwiegermutter? An wen wird delegiert?

Falls die Testperson nicht darauf eingeht oder die Zusammenhänge nicht sieht, stellt der Moderator noch zwei Fragen.

Moderator: Ist Ihnen ein Herr Snipermann begegnet? Sie können ruhig in Ihre Aufzeichnungen schauen.

Was haben Sie mit dem französischen Mail gemacht? (Es wird immer eine Sprache gewählt, die die Testperson nicht spricht)

Was machen Sie eigentlich mit der Strafanzeige? Sie sind ja ordentlich durch das Stadtgebiet gerast – was machen Sie? Zahlen oder nicht zahlen?

Geneigte Leserin, geneigter Leser – was haben Sie gemacht? Haben Sie gezahlt oder nicht?

Die richtige Antwort finden Sie auf Seite 160

Sagen Sie nicht, dass Sie eigentlich müde oder nervös sind. Was ebenso niemand hören möchte, ist, dass das AC eigentlich weltfremd ist und Sie im richtigen Leben alles ganz anders gemacht hätten. Und vor allem sagen Sie nicht, dass Sie gar keine Kinder haben und daher auf den kleinen Bub einfach vergessen haben.

Lösung für das „Strafzettel-Problem": Sie zahlen natürlich nicht, der Wagen stand ja schließlich in der Werkstätte.

Sniperman geht zur Konkurrenz – Sie sind daher vorsichtig bei der Kommunikation.

Und das französische Mail? Sie raten nicht, machen nichts auf gut Glück. Es gibt verschiedene Möglichkeiten – zum Beispiel weiterleiten.

TIPP

Wenn Sie auf Fehler angesprochen werden, bitte reagieren Sie nicht beleidigt oder bagatellisieren Sie Ihre Fehler. Sagen Sie zum Beispiel „Ja, Sie haben recht, das habe ich übersehen." Oder ganz einfach: „Okay, jetzt sehe ich es auch, da ist mir ein Fehler passiert."

Kennen Sie den Ö3-Mikromann? Jene fiese Gestalt, die mit gezücktem Mikrophon Passanten nach dem Namen des österreichischen Bundeskanzlesr fragt, um dann, anno 2014, Antworten wie Wolfgang Schüssel oder Alfred Gusenbauer zu bekommen? Oder wie erwachsene Menschen versucht haben, zu erklären, wie es kommt, dass im Sommer, bei großer Hitze, Kühe kleinere Eier legen? Man hört es, glaubt es nicht und staunt.

Es würde den Rahmen dieses Buches bei Weitem sprengen, wenn ich jetzt alle schon gehörten Antworten zum angeführten Postkorb zitieren würde. Einige der kuriosesten Situationen möchte ich dennoch kurz streifen, in der Hoffnung, dass Sie in der aller größten Nervosität die Nerven behalten und von Beginn an der Übung auf die richtigen Dinge achten.

> *Auf die Frage, wer sind Sie in diesem Rollenspiel, kommt nicht selten die Antwort: Uiii, auf das habe ich jetzt nicht geachtet.*
> *Manchmal wissen – ich muss sagen, es sind meistens die Männer – die Testpersonen genau wie der Dackel heißt und welches Motorrad in der Garage steht, sind aber bei den Namen der Kinder völlig überfordert.*
> *Einmal hat ein Kandidat gemeint, dass er alles an die Schwiegermutter und den ältesten Sohn delegiert (der ist ja alt genug) und daher hat er sich die privaten Dinge nicht wirklich angeschaut.*
> *Es hat auch schon den Fall gegeben, dass jemand gemeint hat: Im wirklichen Leben würde ich die Dienstreise nicht antreten, weil die private Situation zu kompliziert wäre.*
> *Sehr oft kommt es vor, dass jemand lang und breit erklärt, dass er nie durch das Ortsgebiet rasen würde und daher (wegen Fehler in der Radarmessung) Einspruch erheben würde.*

Die Liste an sehr individuellen und kreativen Lösungen wäre seitenlang und man könnte Bücher füllen. Warum habe ich eingangs den Ö3-Mikromann erwähnte? Ich mache mich weder über die Passanten noch über die Testpersonen im Rahmen eines Assessment Centers (AC) lustig. Ich glaube auch nicht, dass diese Menschen dumm sind. Das Problem liegt im Stress, in der Nervosität und zum Teil auch in der Unfähigkeit, zuhören zu können. Das Mikrofon irritiert, man will etwas Schlaues sagen, nicht zugeben, dass man etwas nicht kennt oder eine Frage nicht beantworten kann. Bei AC ist es ähnlich: Der Stress, der Druck und die eigenen Erwartungen. Man will gut, souverän und effizient sein. In diesen Situationen kann man leicht etwas übersehen, daher nochmals mein Tipp: Geben Sie Fehler zu, erfinden Sie keine Ausreden. Die größte Angst haben Chefs vor Mitarbeitern, die alles wissen und können und die natürlich nie Fehler machen. Und wenn es doch Fehler gibt – dann waren es die anderen.

SELBST ERLEBT

Selbsteinschätzung/Fremdeinschätzung

Siehe auch I wie Ich.

Selbsteinschätzung
Wie schätze ich mich selbst ein

	3	2	1	0	1	2	3	
Kommunikativ								Reserviert
Sozial								Unsozial
Ruhig								Temperamentvoll
Emotional								Rational
Behutsam								Energisch
Weich								Hart
Unentschlossen								Entscheidungsfreudig
Statisch								Dynamisch
Kontinuierlich								Sprunghaft
Zielorientiert								Ziellos
Pflichtbewusst								Sorglos
Ausdauernd								Kurzatmig
Solide								Flott
Sparsam								Großzügig
Fröhlich								Ernsthaft
Laut								Leise
Traditionsbewusst								Modern
Führungsstark								Teamplayer
Kreativ								Konventionell
Initiierend								Ausführend

Fremdeinschätzung
Wie schätzen mich andere ein? Du bist …

	3	2	1	0	1	2	3	
Kommunikativ								Reserviert
Sozial								Unsozial
Ruhig								Temperamentvoll
Emotional								Rational
Behutsam								Energisch
Weich								Hart
Unentschlossen								Entscheidungsfreudig
Statisch								Dynamisch
Kontinuierlich								Sprunghaft
Zielorientiert								Ziellos
Pflichtbewusst								Sorglos
Ausdauernd								Kurzatmig
Solide								Flott
Sparsam								Großzügig
Fröhlich								Ernsthaft
Laut								Leise
Traditionsbewusst								Modern
Führungsstark								Teamplayer
Kreativ								Konventionell
Initiierend								Ausführend